Ferdinand Roemer

Die Silurische Fauna des westlichen Tennessee

Eine paläontologische Monographie

Ferdinand Roemer

Die Silurische Fauna des westlichen Tennessee
Eine paläontologische Monographie

ISBN/EAN: 9783743652439

Hergestellt in Europa, USA, Kanada, Australien, Japan

Cover: Foto ©berggeist007 / pixelio.de

Weitere Bücher finden Sie auf **www.hansebooks.com**

DIE

SILURISCHE FAUNA DES WESTLICHEN TENNESSEE.

EINE PALAEONTOLOGISCHE MONOGRAPHIE

VON

DR. FERDINAND ROEMER,

ORD. PROFESSOR DER MINERALOGIE AN DER UNIVERSITAET BRESLAU, MITGLIEDE DER DEUTSCHEN GEOLOGISCHEN GESELLSCHAFT, AUSWAERTIGEM MITGLIEDE DER GEOLOGICAL SOCIETY OF LONDON UND MEHRERER ANDEREN GELEHRTEN GESELLSCHAFTEN WIRKLICHEM ODER EHREN-MITGLIEDE.

MIT FÜNF TAFELN.

(DREI LITHOGRAPHISCHEN UND ZWEI KUPFER TAFELN.)

BRESLAU,

VERLAG VON EDUARD TREWENDT.

1860.

SIR RODERICK IMPEY MURCHISON,

DEM BEGRÜNDER EINER NEUEN AERA FÜR DIE KENNTNISS DER ÄLTESTEN VERSTEINERUNGSFÜHRENDEN SCHICHTEN,

WIDMET DIESE SCHRIFT IN AUFRICHTIGER VEREHRUNG

DER VERFASSER.

VORWORT.

Als ich aus Texas zurückkehrend im Sommer des Jahres 1847 nach Nashville, der Hauptstadt des Staates Tennessee, kam und hier bei dem um die naturhistorische Kenntniss der westlichen Staaten vielfach verdienten Dr. G. Troost die freundlichste Aufnahme und werthvolle Belehrung über die geognostischen Verhältnisse des Landes fand, zogen in der reichen paläontologischen Sammlung des trefflichen Mannes namentlich schön erhaltene Silurische Fossilien, als deren Fundort der Distrikt Perry *(Perry County)* im westlichen Theile des Staates bezeichnet war, meine Aufmerksamkeit auf sich. Neben grossentheils bekannten Formen von Korallen und Brachiopoden trat besonders ein Reichthum von schön erhaltenen Crinoiden, die fast alle der Art nach, meistens auch dem Geschlechte nach neu waren und vieles bemerkenswerthe aus anderen Thierklassen hervor. Sofort beschloss ich die Lagerstätte dieser merkwürdigen fossilen Fauna selbst zu besuchen und mir durch eigenes Sammeln eine nähere Kenntniss von derselben zu verschaffen. Drei Wochen wurden auf diesen Ausflug verwendet, der bei der wilden und wenig angebauten Beschaffenheit des betreffenden Landestheils nicht ohne Beschwerden und Anstrengungen war, aber auch eine so reiche Ausbeute lieferte, wie ich sie nicht hatte hoffen können. Das Gebiet, über welches sich die Fundorte der fraglichen Fossilien vorzugsweise verbreiten, liegt zu beiden Seiten des Tennessee-Flusses und begreift die beiden Distrikte (*Counties*) Decatur auf dem linken und Perry auf dem rechten Ufer[1]). Ich habe, obgleich auch einige Fundstellen auf dem rechten Ufer von mir besucht wurden, vorzugsweise auf dem linken Ufer gesammelt. Von einem etwa 5 Engl. Meilen nördlich von Brownsport gelegenen Punkte aus, wo ich im Hause von Colonel Wallis Dixon gastfreundliche Aufnahme gefunden hatte, habe ich die ganze zwischen Brownsport und Perryville liegende Gegend mit Musse durchstreift und alle die zahlreichen in dem ringsum herrschenden Urwalde versteckten „*glades*" d. i. die von Baumwuchs entblössten und nur etwa auf dem Scheitel mit niedrigem Gestrüpp der rothen Ceder (*Juniperus Virginiana L.*) bedeckten kleinen Hügel, welche die eigentlichen Fundstellen unserer Fauna bilden, nach einander abgelesen. So entstand die Sammlung, welche das Material für die gegenwärtige Arbeit geliefert hat und welche wenngleich nicht unbedingt vollständig, doch jedenfalls die grosse Mehrzahl der Arten aus denen die Fauna überhaupt besteht, enthält und ein nahezu richtiges Bild von der letzteren zu geben gestattet.

Wenn die Veröffentlichung der dieses Material behandelnden Schrift nun erst jetzt erfolgt, so hat dies nur zum Theil in der Behinderung durch andere wissenschaftliche Arbeiten, vorzugsweise aber in dem Umstande seinen Grund gehabt, dass zuvor abgewartet werden sollte, ob nicht durch die Beschreibung der organischen Einschlüsse in den entsprechenden Schichten des Staates New-York durch James Hall eine besondere Darstellung der Fauna von Tennessee unnöthig gemacht werden würde. Da nun aber mit dem Erscheinen des die Versteinerungen der „Niagara Group" enthaltenden zweiten Bandes der „Palaeontology of New-York" sich ergeben hat, dass die Uebereinstimmung dieser Fauna des Staates New-York mit derjenigen von Tennessee wohl hinreichend gross ist, um die Gleichzeitigkeit der Ablagerung für die beide Faunen einschliessenden Schichten mit Sicherheit zu erweisen, keinesweges aber so vollständig, um die Eigenthümlichkeit einer bedeutenden Zahl von Arten in jeder der beiden Faunen auszuschliessen, so fiel jenes Bedenken fort und eine Beschreibung der Fauna erschien wünschenswerth. Denn was von andern Seiten über dieselbe bekannt geworden war, beschränkt sich auf einige von Troost in seinen geologischen Berichten über den Staat Tennessee gegebene unvollständige und nach dem damaligen Stande der Paläontologie unzuverlässige Listen von Versteinerungen, auf die Erwähnung von einer kleinen Anzahl der die Fauna bildenden Arten durch E. de Verneuil in seinem werthvollen Aufsatze über den Parallelismus der paläozoischen Schichten in Nord-Amerika und in Europa, und

[1]) Früher erstreckte sich *Perry County* auch über das auf dem linken Ufer des Flusses gelegene Gebiet, welches seitdem unter der Benennung *Decatur County* ein selbstständiger Distrikt geworden ist. In diesem älteren weiteren Sinne ist *Perry County* durch Troost und nach ihm durch andere Autoren als die Fundstätte der in Rede stehenden Silurischen Fauna bezeichnet worden. In der That liegen aber die von Troost vorzugsweise ausgebeuteten Lokalitäten und namentlich auch der Flecken *Perryville* auf dem linken Ufer des Flusses in dem Distrikte Decatur.

auf die früher von mir selbst gegebene vorläufige Beschreibung der der Fauna angehörenden Spongien.

Vielleicht hätte es nun genügt, nur die neuen Arten zu beschreiben und abzubilden und die schon bekannten nur aufzuführen. Allein es wurde vorgezogen, sämmtliche vorliegende Arten, selbst solche allgemein bekannte, wie z. B. *Atrypa reticularis*, *Rhynchonella Wilsoni* und *Halysites catenularia* darzustellen, theils damit die blosse Betrachtung der Tafeln ein Bild der Fauna in ihrem ganzen Umfange hervorrufe, theils damit auch für solche Arten wie die genannten eine gewisse Gewähr der richtigen Bestimmung durch die Abbildung gegeben sei.

Der Theil der Fauna aber, welcher es rechtfertigt, sie zum Gegenstand einer besonderen Darstellung zu machen, sind die Crinoiden und die Spongien. Von den ersteren weiset die Fauna eine beträchtliche Anzahl ganz neuer Formen in vortrefflicher Erhaltung auf. Die letzteren sind in solcher Mannichfaltigkeit der Formen und in solcher Zahl der Individuen vorhanden, dass sie einen wesentlichen Bestandtheil der Fauna bilden, während sonst kaum unsichere und sparsame Reste von Seeschwämmen aus Silurischen Schichten erwähnt werden. In allgemeinerer geognostischer Beziehung erweitert die Beschreibung der Fauna die Einsicht in die Verbreitung und die besondere Entwickelung der Silurischen Ablagerungen Nord-Amerikas und liefert für die Beurtheilung des Zusammenhanges, welcher zwischen den Silurischen Bildungen Nord-Amerikas und denjenigen Europas besteht, einige bemerkenswerthe neue Anhaltspunkte.

So empfehle ich denn die Schrift als eine spät gereifte, aber hoffentlich darum nicht ungeniessbar gewordene Frucht meiner nun schon mehr als ein Jahrzehent zurückliegenden Amerikanischen Reise der freundlichen Aufnahme der Fachgenossen.

Breslau, im Januar 1860.

Der Verfasser.

INHALT.

LAGERUNGSVERHAELTNISS UND VERBREITUNG DER DIE FAUNA EINSCHLIESSENDEN SCHICHTEN.

Der Boden des Staates Tennessee wird wie überhaupt derjenige des ganzen zwischen den Alleghanies und dem Mississippi gelegenen Gebietes fast ausschliesslich durch sedimentäre Gesteine der ersten oder paläozoischen Periode gebildet, welche fast überall eine wagerechte oder doch sehr wenig geneigte Lagerung haben und nur in dem östlichsten in das Hebungsgebiet der Alleghanies fallenden Theile des Staates die steile und verwickelte Schichtenstellung, die in diesem Gebirge die herrschende ist, theilen. Diese älteren Gesteine gehören theils der Silurischen Schichtenreihe, theils dem Steinkohlengebirge an. Die Silurischen Schichten lassen deutlich die allgemein gültige Gliederung von zwei Haupt-Abtheilungen, einer unteren und einer oberen wahrnehmen. Unter-Silurisch ist namentlich eine 400 bis 500 Fuss mächtige Schichtenfolge von blau-grauen Kalksteinbänken und gleichfarbigen Mergeln, welche eine, den ganzen mittleren Theil des Staates begreifende weit ausgedehnte Partie fast ohne alle Bedeckung durch jüngere Gesteine zusammensetzt. Das Alter dieser Schichtenfolge, auf welcher auch die Hauptstadt Nashville erbaut ist, wird ohne Schwierigkeit durch die zahlreich darin vorkommenden organischen Einschlüsse bestimmt. Es ist dieselbe fossile Fauna, wie diejenige, welche die Hügel um Cincinnati am Ohio einschliessen und welche ihrer Seits längst als wesentlich mit derjenigen des Trenton-Kalks im Staate Neu-York übereinstimmend erkannt worden ist. Unter diesem paläontologisch am deutlichsten bezeichneten Gliede ist noch ein älteres vorhanden, welches namentlich in dem östlichen Theile des Staates entwickelt ist und für welche *Maclurea magna Lesueur* das typische Fossil ist. Dasselbe besteht aus dunkelblau-grauen Kalksteinbänken, deren Gesammt-Mächtigkeit derjenigen des ersteren Gliedes ungefähr gleich kommt. Versteinerungsführende Schichten höheren Alters sind nicht in dem Staate gekannt, sondern dann folgt unmittelbar ein mächtiges Schichten-System von dunkelgrauen glimmerreichen Schiefern, Sandsteinschichten und Dolomit, in welchem organische Einschlüsse bisher vergebens gesucht wurden.

Ober-Silurisch ist dagegen im Staate Tennessee allein die Schichtenfolge, deren fossile Fauna den Gegenstand dieser Schrift bildet und deren petrographische Zusammensetzung, Lagerungsverhältniss und Verbreitung daher etwas näher zu betrachten sind. Es ist eine Reihenfolge grauer Kalksteinschichten, welche mit losen, vorzugsweise versteinerungsreichen Mergelschichten wechsellagern. Kieselige Concretionen von Hornstein oder Chalcedon sind in einigen Lagen häufig und gewöhnlich sind die organischen Einschlüsse ganz oder zum Theil verkieselt. Die Mächtigkeit der ganzen Schichtenfolge ist in der Gegend, in welcher ich selbst sie allein durch eigene Anschauung kennen gelernt habe, in den Grafschaften (counties) Decatur und Perry am Tennessee-Flusse, nicht zu bestimmen, da das Liegende hier nirgends aufgeschlossen ist. Safford[1]), welcher die Schichtenfolge als „the dyestone and gray limestone group" bezeichnet, schätzt dieselbe auf mehrere hundert Fuss in dem westlichen Theile des Staates, während sie weiter östlich viel geringer sein soll. Die Aufschlusspunkte, an denen Troost zuerst die Schichtenfolge mit ihrer reichen Fauna entdeckte und an denen auch das der gegenwärtigen Arbeit zu Grunde liegende Material von mir gesammelt wurde, sind kleine, 50 bis 60 Schritt breite und gewöhnlich nur 10—25 Fuss hohe unbewaldete oder nur auf dem Scheitel mit krüppelhaftem und lichtem Baumwuchs bedeckte Hügel, die sogenannten „Glades" d. i. Waldlichtungen, welche in der Gegend zwischen Brownsport und Perryville in bedeutender Zahl in dem Urwalde zerstreut liegen. An den nackten Abhängen dieser „glades" gehen die Schichten, deren grossentheils kieselige Natur dem Pflanzenwuchs feindlich zu sein scheint, zu Tage und die durch die Verwitterung aus dem Gesteine gelösten, grossentheils verkieselten Versteinerungen liegen frei an der Oberfläche umher. Ist man so glücklich, wie es mir mehrfach begegnete, einen jungfräulichen d. i. noch von keinem paläontologischen Vorgänger betretenen Hügel dieser Art in dem dichten Walde aufzufinden, dann ist die Ausbeute besonders reich, indem dann das ganze Verwitterungs-Ergebniss von Jahrtausenden dem Entdecker zufällt. Das Lagerungsverhältniss der Schichtenfolge zu den zunächst älteren und jüngeren Gesteinen betreffend, so ist wie

---

[1]) *A geological Reconnoissance of the State of Tennessee;* being the authors first biennial report presented to the thirty-first general Assembly of Tennessee, December, 1855, by James M. Safford, A. M., State geologist. Nashville, Tenn. 1856, p. 157. Diese Schrift giebt eine Uebersicht über die geognostischen Verhältnisse des Staates Tennessee, welche, obgleich wesentlich gestützt auf die durch langjährige Untersuchungen gewonnenen Ergebnisse des verdienstvollen Dr. Troost, durch schärfere Bestimmung der einzelnen Formationsglieder und durch genauere Angabe ihrer Verbreitung doch auch wesentlich über das von dem genannten und anderen Vorgängern Geleistete hinausgeht. Eine der Schrift beigegebene geognostische Uebersichtskarte giebt, wenn nur auch erst in den grossen Zügen richtig und der weiteren Ausarbeitung vielfach bedürftig, doch ein vollkommeneres geologisches Bild des Staates, als bisher vorhanden war.

schon bemerkt wurde, in der mir allein bekannten Gegend am Tennessee-Flusse die Unterlage nirgends aufgeschlossen. Dagegen ist nach Safford in dem weiter östlich liegenden Gebiete und namentlich auch an dem westlichen Rande der grossen centralen Kalkpartie unsere Schichtenfolge überall dem Unter-Silurischen Kalk, der auch die genannte Kalkpartie zusammensetzt, mit gleichförmiger Lagerung unmittelbar aufgelagert und bildet überhaupt in dem Staate das zunächst jüngere Gesteinsglied über dem letzteren. Anderer Seits wird sie selbst unmittelbar und gleichförmig von dem Steinkohlengebirge bedeckt. Dieses lässt mehrere deutlich unterschiedene Glieder wahrnehmen. Zu unterst und überall zunächst unsere Schichtenfolge überlagernd eine Lage schwarzer Alaunschiefer[1]), meistens nur wenige Fuss dick und von Versteinerungen fast nur eine Art der Gattung *Lingula* enthaltend. Darüber eine kieselige Schichtenreihe[2]), vorzugsweise aus dunkelem Kieselschiefer, Hornstein und kieseligem Kalkstein in einer Mächtigkeit von 200 bis 300 Fuss bestehend und von organischen Einschlüssen nur Formen des Kohlenkalks, namentlich Arten der Gattungen *Productus* und *Spirifer* einschliessend. Diese Schichtenfolge bildet überall die Höhen, welche man aus der durch unsere Silurische Schichtenfolge eingenommenen Thalfläche des Tennessee-Flusses in den Grafschaften Decatur und Perry hinansteigend, erreicht und welche wegen ihrer Unfruchtbarkeit, die kaum einen dünnen Waldwuchs zulässt, in dem ganzen Lande unter dem Namen der „Barrens" übel berüchtigt sind[3]). Auch in den weiter östlich liegenden Theilen des Staates sind dieselben Schichten, mit einiger Aenderung ihres petrographischen Verhaltens, verbreitet und umgeben nach Safford als ein zusammenhängender Ring namentlich die Unter-Silurische centrale Kalkpartie des Staates. Der Kohlenkalk, aus einer bis 1200 Fuss mächtigen Reihenfolge blau-grauer, zum Theil oolithischer Kalksteinschichten bestehend und durch zahlreiche organische Einschlüsse unzweifelhaft als solcher bezeichnet, ist das nächstfolgende Glied der Kohlenformation, welches sowohl in den westlich als östlich von der centralen Kalkpartie liegenden Theilen des Staates bedeutende Flächenräume einnimmt. Den Beschluss der Kohlenformation nach oben und überhaupt der in dem Staate Tennessee entwickelten Reihe paläozoischer Gesteine macht endlich das aus kieseligen Conglomeraten, Sandsteinen, Schiefer-Thonen und Kohlenflötzen in bekannter Weise zusammengesetzte eigentliche Kohlengebirge („coal measures" der Engländer), welches jedoch fast nur in dem östlichen Theile des Staates zwischen der centralen Kalk-Partie und der Erhebung der Alleghanies entwickelt ist.

Nachstehend die Aufzählung der einzelnen Glieder in absteigender Reihenfolge, aus welcher die Stellung der unsere Fauna einschliessenden Schichtenfolge mit einem Blick zu ersehen ist.

[1]) Safford's „Formation VII. The black Slate."

[2]) Safford's „Formation VIII. The siliceous group."

[3]) Ich selbst habe diese „Barrens" namentlich auf dem Wege von Reynoldsburg nach Centreville und von dort nach Brownsport kennen gelernt. Sie bilden hier ein menschenarmes, bewaldetes, niedriges Tafelland, welches durch zahlreiche kleine Thäler und enge steilwandige Schluchten vielfach zerschnitten ist.

Kohlenformation

1. Kieselige Conglomerate, Sandsteine, Schieferthone und Kohlenflötze (eigentliches Kohlengebirge, coal measures).
2. Blau-grauer zum Theil oolithischer Kalkstein, bis 1200 Fuss mächtig, zahlreiche Versteinerungen und namentlich auch Arten der Gattung *Pentatrematites* enthaltend (Kohlenkalk).
3. Kieselige, aus Hornsteinen, Kieselschiefern und kieseligen Kalksteinen bestehende Schichtenfolge mit Arten von *Productus* und *Spirifer* und anderen organischen Formen des Kohlenkalks.
4. Schwefelkiesreicher und bituminöser schwarzer Schiefer (Alaunschiefer) mit *Lingula sp.* und *Chonetes sp.*

Ober-Silurische Gesteine

5. Grauer Kalkstein, mit versteinerungsreichen Mergelschichten wechsellagernd und Hornstein-Concretionen enthaltend. — Die Schichtenfolge, welche die fossile Fauna einschliesst, deren Beschreibung den Gegenstand dieser Schrift bildet.

Unter-Silurische Gesteine

6. Feste blau-graue Kalksteinschichten mit *Isotelus gigas*, *Leptaena alternata* und anderen Fossilien der Hügel von Cincinnati und des Trenton-Kalks im Staate New-York.
7. Dunkelblaue Kalksteinschichten, 400 bis 500 Fuss mächtig, mit *Maclurea magna*.

BESCHREIBUNG DER ARTEN.

I. SPONGIAE.

Das Vorkommen von Spongien oder Seeschwämmen in den älteren Bildungen bis zum Zechstein einschliesslich ist ein sehr beschränktes, wenn man es mit der Häufigkeit dieser Körper in gewissen Abtheilungen in der Jura- und Kreide-Formation und in den Meeren der Jetztwelt vergleicht. Aus dem Zechstein kennt man einige unansehnliche und schlecht erhaltene Formen, bei welchen wenigstens zum Theil selbst die Zugehörigkeit zu den Spongien noch zweifelhaft ist, durch King. Das Steinkohlengebirge hat bisher noch gar keine sicher hierher gehörige Reste geliefert. In den devonischen Schichten beschränkt sich deren Vorkommen, wenn man von einigen durchaus zweifelhaften Körpern absieht, auf eine kleine im Kalke von Vilmar vorkommende, als *Scyphia constricta* durch die Gebrüder Sandberger beschriebene Art, deren Erhaltungsart jedoch wie diejenige aller Fossilien der genannten Lokalität eine so ungünstige ist, dass auch bei ihr noch Bedenken in Betreff der wirklichen Spongien-Natur bleiben. Nur die Silurische Schichtenreihe weiset eine etwas grössere Anzahl unzweifelhafter Spongien auf. Bisher sind es freilich auch nur vereinzelte Fundorte, an denen sie beobachtet wurden. Mehrere grosse Arten finden sich in einer Anhäufung Silurischer Diluvial-Geschiebe bei Sadewitz unweit Oels in Schlesien, von denen Oswald[1]) eine Beschreibung gegeben hat und für einige von welchen er die Gattung *Aulocopium* errichtet hat. Zahlreicher und besser erhalten sind die in dem Folgenden zu beschreibenden Arten unserer Fauna aus Tennessee. Bei ihnen ist die Zugehörigkeit zu den Spongien eben so unzweifelhaft, wie das Silurische Alter der Schichten, in welchen sie eingeschlossen sind. Sie sind verkieselt, wie es meistens die Schwämme der Kreide- und Jura-Formation sind und zeigen im Innern ein von Kanälen durchzogenes und mit zahllosen sternförmig gruppirten kleinen *Spiculae* in den Zwischenräumen erfülltes, demjenigen der jüngeren Spongien durchaus analoges Gewebe. Sie liegen in denselben Kalkschichten mit zahlreichen unzweifelhaft Silurischen Schalthieren, Crinoiden und Zoophyten zusammen und finden sich häufig noch in einem und demsel-

[1]) S. Verh. der Schles. Ges. für vaterl. Cultur im Jahre 1846. Breslau 1847, S. 56.

ben Gesteinstücke mit einigen dieser letzteren verwachsen. Die Häufigkeit der Individuen ist so gross, dass sie einen wesentlichen Bestandtheil der Fauna bilden. Es ist auffallend, dass sie in den genau im Alter gleichstehenden und auch viele gemeinsame Arten enthaltenden Schichten des Staates Neu-York („Niagara group" der Neu-Yorker Staats-Geologen) und eben so auch in dem gleichalterigen Wenlock-Kalke in England durchaus fehlen. Aus dem Kalke der Insel Gotland, welcher sonst mit demjenigen von Wenlock so nahe übereinkommt, sind dagegen allerdings *Astylospongia praemorsa* und eine andere noch unbeschriebene und mit einer Species von Sadewitz übereinstimmende grosse Art bekannt. Ueberhaupt scheinen in dieses geognostische Niveau des Kalkes der Insel Gotland alle bisher aufgefundenen Silurischen Spongien zu gehören. Aus der unteren Abtheilung der Silurischen Gruppe sind sicher als solche bestimmbare Spongien bisher nicht bekannt.

Dass trotz der kalkigen Natur der einschliessenden Schichten die Versteinerungsmasse stets Kiesel ist, kann offenbar nicht zufällig sein, sondern ist sicher von der schon im Leben des Thieres wesentlich kieseligen Beschaffenheit der Körper-Substanz abhängig [1]). Durch dieselbe ist bei dem Versteinerungs-Processe andere im Wasser gelöste Kieselerde angezogen und dadurch der hohle Raum des Gewebes ausgefüllt worden, gerade so wie die schon beim Leben des Thieres kalkige Natur der Schale und der Stacheln der Echiniden die kompakte späthig-kalkige Beschaffenheit der fossilen Echiniden zur Folge hat. Gewiss ist zwischen den lebenden und fossilen Spongien in Betreff der Kompaktheit des Gewebes nicht ein so bedeutender und durchgreifender Unterschied, wie d'Orbigny (Cours élément. de Pal. et Geol. 209) und nach ihm Pictet (Traité de Paléontol. éd. 2, Tom. IV., 530) annehmen, indem sie auf denselben eine Eintheilung der Spongien in zwei grosse Abtheilungen (Amorphozoaires à squelette corné und Amorphozoaires à squelette testacé) gründen.

Eine höchst bemerkenswerthe Eigenthümlichkeit der hier zu beschreibenden Spongien ist das Fehlen jeder Anwachs- oder Anheftungsfläche. Alle Spongien der jetzigen Meere sind auf dem Meeresgrunde festgeheftet, entweder unmittelbar mit der unteren Fläche des Körpers selbst oder mit einem schmaleren stielförmigen Ende, in welches sich der Körper nach unten zu verengt [2]). Dasselbe gilt von den fossilen Spongien der jüngeren Formationen. Alle gut erhaltenen Schwämme der Kreide- und Jura-Bildungen zeigen mehr oder minder gross und deutlich eine Anheftungsstelle. Ganz unerwartet ist daher das abweichende Verhalten dieser Silurischen Formen. Dabei ist die Erhaltung so vollständig und die Zahl der Exemplare so gross, dass die

[1]) Auch die Substanz lebender Spongien ist zum grossern Theile kieselig. Ich habe durch Prof. Steenstrup in Kopenhagen Stücke der bekannten grossen becherförmigen *Spongia resparia* Lam. erhalten, bei welchen durch Weissglühhitze alle organische Substanz zerstört worden ist. Form und Struktur des Schwamm's ist dabei ganz unverändert geblieben, was nur dadurch erklärlich, dass nach einer Analyse von Forchhammer die Art im frischen Zustande 75 Proc. Kieselerde enthält.

[2]) Nur die im Mittelmeere häufige *Tethya lyncurium* Lam. und nach der mir mündlich gemachten Mittheilung von Sars ein kleiner an der Nordküste Norwegens lebender Schwamm scheinen eine Ausnahme unter den lebenden zu bilden und frei zu sein, doch wäre noch näher festzustellen, ob immer und in allen Entwickelungsstufen.

Thatsache selbst sich mit Sicherheit feststellen liess. Bei keinem der zahlreichen vorliegenden Exemplare von *Astylospongia praemorsa* (*Siphonia praemorsa* Goldf.) ist eine Spur einer Anheftungsstelle wahrzunehmen, sondern bei allen rundet sich die halbkugelige Unterseite ganz gleichmässig ohne alle Unterbrechung der regelmässigen Wölbung zu. Ebenso sind auch die Hunderte von Exemplaren der merkwürdigen *Astraeospongia meniscus* auf ihrer flachen Unterseite ganz eben und ohne jede Narbe oder Fortsatz, welche als Anheftungsstelle gedeutet werden könnte. Alle diese Körper müssen frei, nur etwa zum Theil in Sand oder Schlamm eingesenkt, auf dem Meeresboden gelebt haben. Auch alle anderen bisher aus paläozoischen Schichten bekannt gewordenen Spongien zeigen die gleiche Eigenthümlichkeit, namentlich die apfelförmigen *Aulocopium*-Arten, welche Oswald aus den Silurischen Diluvial-Geschieben von Sadewitz bei Oels beschrieben hat, und eine noch unbeschriebene dick scheibenförmige am Umfange gekerbte handgrosse Spongien-Form, welche bei Sadewitz und auf Gotland vorkommt. Es scheint hiernach, dass allgemein alle Spongien der ersten Periode, im auffallenden Gegensatze zu den Spongien der jüngeren Formationen und der Jetztwelt, frei waren. Wenn im Ganzen in allen niederen Thier-Klassen der festgewachsene Zustand als Zeichen einer tieferen Organisations-Stufe wie der frei bewegliche angesehen wird, so ist jenes Verhalten um so bemerkenswerther, da man mit Beziehung auf die im Grossen und Ganzen jedenfalls geltende Vervollkommnung der Organismen mit dem Aufsteigen in der Reihenfolge der sedimentären Gesteine gerade das entgegengesetzte Verhalten erwarten sollte.

Uebrigens ist von diesem freien Zustande augenscheinlich auch die regelmässige Form der Silurischen Spongien abhängig, wie sie namentlich auffallend bei *Astylospongia praemorsa* und *Astraeospongia meniscus* hervortritt, denn allgemein sind ja in den niederen Thier-Klassen die freien Formen regelmässiger gestaltet, als die festgewachsenen, bei denen die Grösse und Form der Anheftungsstelle die Körperform zum Theil bestimmt.

Schon vor mehreren Jahren ist eine Aufzählung der in dem Folgenden zu beschreibenden Spongien in v. Leonhard's und Bronn's Jahrbuch für Mineralogie[1]) von mir gegeben worden. Hier erfolgt deren Beschreibung vollständiger und namentlich durch die Kenntniss der inneren Struktur mehrerer Arten erweitert.

ASTYLOSPONGIA[2]) nov. gen.

Der kugelige oder dick scheibenförmige fast regelmässig kreisrunde Schwamm ist frei, nicht aufgewachsen. Das innere Gewebe wird durch kleine sehr regelmässig sternförmige Körper, welche durch ihre Strahlen unter einander zusammenhängen, gebildet. Grössere Kanäle verlaufen

[1]) Ueber eine neue Art der Gattung *Blumenbachium* (König) und mehre unzweifelhafte Spongien in Ober-Silurischen Kalkschichten der Grafschaft Decatur im Staate Tennessee in Nord-Amerika von Dr. Ferd. Roemer in Leonh. und Bronn's Jahrb. 1848, p. 680—685.

[2]) Etymol. ἄστυλος ohne Stiel, σπογγιά Schwamm.

vom Centrum strahlenförmig zur Oberfläche und werden durch concentrische Kanäle gekreuzt. Schon beim Leben des Thieres muss der Körper von ziemlich kompakter Beschaffenheit gewesen sein, da er niemals verdrückt erscheint. Die Versteinerungsmasse ist stets kieselig.

Die typische Art dieser Gattung ist seit längerer Zeit unter der Benennung *Siphonia praemorsa* bekannt. Der entschieden freie, nicht angewachsene Zustand ist das Haupt-Merkmal, welches die Art von den ächten Siphonien der späteren Formationen trennt und die Errichtung einer besonderen Gattung rechtfertigt. Ausserdem ist die Zusammensetzung der Körpermasse aus lauter kleinen unter sich verbundenen regelmässigen Sternen eine weder bei den ächten Siphonien, noch bei irgend einem anderen Spongien-Geschlechte der jüngeren Formationen gekannte Eigenthümlichkeit.

Die Gattung scheint mit ihren nicht zahlreichen Arten auf die obere Abtheilung der Silurischen Gruppe beschränkt zu sein.

1. ASTYLOSPONGIA PRAEMORSA. Taf. I, Fig. 1, 1 a—e.

Siphonia praemorsa Goldfuss Petref. Germ. I, 17 t. 6 f. 9 (1826).
— — Hisinger Leth. Suec. 94, t. 26 f. 7 (1837).
— — Eichwald Silur. Schichtensyst. in Esthland 209.
— — Maximilian, Herzog von Leuchtenberg. Beschreibung einiger neuen Thierreste der Urwelt aus den Silurischen Kalkschichten von Zarskoje-Selo. St. Petersburg 1843, 24.
— — Ferd. Roemer i. Leonh. u. Bronn's Jahrb. 1848, 684.
— — Ferd. Roemer i. Lethaea geognost. ed. 3. Th. II, 154, t. 27 f. 21 (1852—1854).
Siphonia excavata Goldfuss Petref. Germ. I, 17, t. 6, f. 8 (1826).
— — Bronn i. Leth. geogn. ed. 3. Th. V, 75 (1851—1852).
Siphonia stipitata Hisinger Leth. Suec. 94, t. XXVI, f. 8.
Jerea excavata d'Orbigny Prodr. de Pal. strat. II. 286 (1850).

Ein freier fast kugeliger Schwamm mit abgestutztem und schüsselförmig vertieftem Scheitel und völlig zugerundeter oder etwas abgestutzter Unterseite. Der concave Scheitel zeigt eine Anzahl grösserer Oeffnungen, die Mündungen senkrechter Röhren. Von der Scheitelkante strahlen über die Seiten unregelmässige, zum Theil sich verästelnde Furchen aus. Obgleich eine eigentliche Anwachsungsfläche niemals bemerkt wird, so ist bei den Exemplaren aus Tennessee das untere Ende doch zuweilen durch eine kleine ebene kreisrunde Fläche, mit welcher der Körper aufruht, abgestutzt. Bei älteren Exemplaren sind die vom Scheitel ausstrahlenden Furchen oft viel tiefer und breiter. Zugleich ist dann der ganze Körper oft nicht mehr vollkommen kugelig, sondern etwas niedergedrückt. Die ganze untere Hälfte des Schwammes ist übrigens zuweilen mit warzenförmigen Erhabenheiten besetzt.

Mehrere Exemplare, welche ich durchschneiden und anschleifen liess, haben eine sehr eigenthümliche Beschaffenheit des inneren Gewebes dieses Schwammes erkennen lassen. Die ganze Masse desselben besteht nämlich aus kleinen, schon mit dem unbewaffneten Auge, deutlicher mit der Lupe erkennbaren sehr regelmässig sechsstrahligen sternförmigen Körpern, welche so unter sich zusammenhängen, dass ein Strahl des einen Sternes unmittelbar in einen Strahl des zunächst angrenzenden Sterns übergeht. Zwischen den aus undurchsichtiger Kieselmasse bestehenden Sternen bleiben einzelne mit durchscheinender gelblich-brauner Chalcedon-Masse erfüllte Lücken. Diese Lücken sind radiale und concentrische Kanäle. Die kleinen Sterne betreffend, so wird man geneigt sein, sie für sternförmig gruppirte Spiculae oder Kieselnadeln zu halten. Auffallend ist nur, dass ein dem hornigen Skelett der typischen Schwämme entsprechendes Gerüst zwischen diesen Sternen gar nicht sichtbar ist und auch kein Raum für ein solches durch die dicht gedrängten Sterne gelassen wird. In jedem Falle wird durch die angegebene innere Struktur die Spongien-Natur des Körpers, wenn zum Beweise derselben die äussere Form nicht genügte, zweifellos dargelegt. Uebrigens zeigen auch Europäische als Diluvial-Geschiebe in der Norddeutschen Ebene vorkommende Exemplare den ganz gleichen inneren Bau, wie ich mich an durchschnittenen im Berliner Museum aufbewahrten Exemplaren, auf welche Beyrich meine Aufmerksamkeit lenkte, habe überzeugen können.

Die geognostische Lagerstätte dieser seit langer Zeit und an vielen Orten in Europa beobachteten Art war bis zu der Auffindung in Tennessee unsicher. Am häufigsten findet sie sich als loses Geschiebe in dem Diluvium der Norddeutschen Ebene von Holland bis Königsberg. Der Umstand, dass die übrigen Arten der Gattung *Siphonia*, zu welcher sie gestellt wurde, sämmtlich oder doch der grossen Mehrzahl nach der Kreide-Formation angehören, ferner die mit derjenigen mancher Kreide-Schwämme nahe übereinstimmende Erhaltungsart in dunkler Feuersteinartiger Kieselmasse und endlich das Zusammenvorkommen mit anderen erweislich aus zerstörten Kreideablagerungen herrührenden Fossilien machten die Abstammung aus Schichten der Kreideformation wahrscheinlich und in der That wurde diese allgemein angenommen. Zwar führte Hisinger die Art von der Insel Gotland an, doch nach den zur näheren Bezeichnung des Vorkommens gebrauchten Worten „ad littoria maris Gotlandiae rejecta" betrachtete er sie auch dort nur als ein fremdes Geschiebe. Nach dem Herzog von Leuchtenberg findet sie sich bei Pulkowa unweit Petersburg, allein mit Sicherheit will auch er nicht die dort anstehenden Silurischen Schichten als ihre ursprüngliche Lagerstätte ansehen [1]). Durch die von mir geschehene Beobachtung der Art in anstehenden Silurischen Schichten des Staates Tennessee ist zuerst jeder Zweifel in Betreff der wahren Lagerstätte der Art beseitigt. Die zahlreichen (26) dort gesammelten Exemplare stimmen vollständig mit Europäischen überein. Ihre Grösse ist wie diejenige der Europäischen verschieden und schwankt zwischen Haselnuss- und Apfel-Grösse. Bei grossen Exemplaren ist der Scheitel oft abgeplattet und wie ausgefressen, anscheinend in Folge einer Verwitterung noch beim Leben des Schwamm's. Ausser den stets sichtbaren centralen Oeffnungen zeigt in diesem Falle die fast ebene Scheitelfläche auch horizontale vom Mittelpunkte gegen den Umfang hin ausstrahlende Kanäle.

---

[1]) „Bei Pulkowa scheint sie sich auf ihrem natürlichen Fundorte zu finden, obgleich auch ihre innere Masse aus einem weichen fast kreideartigen Kalkstein zu bestehen scheint." Da die Kalkschichten bei Pulkowa der unteren Abtheilung des Silurischen Systems angehören, so ist das Vorkommen der Art in anstehenden Schichten dort kaum wahrscheinlich.

Nachdem in Amerika die Silurischen Schichten als die ursprüngliche Lagerstätte der Art ermittelt worden sind, kann auch für die in Europa vorkommenden Exemplare die Abstammung aus solchen nicht länger zweifelhaft sein. Alle die im Diluvium der Norddeutschen Ebene an so vielen Punkten gefundenen Exemplare rühren zuverlässig aus zerstörten Silurischen Schichten des nördlichen Europa's her und zwar aus Ober-Silurischen Schichten vom Alter der Kalkschichten auf der Insel Gotland, welche mit denen von Tennessee gleichalterig sind. In der That kommt die Art auf Gotland gar nicht selten und augenscheinlich auf ursprünglicher Lagerstätte vor. Ich habe in der Gymnasial-Sammlung von Wisby sehr schöne Apfel-grosse Exemplare gesehen und eines habe ich auch selbst am Strande bei Wisby aufgelesen. Das Berliner Museum endlich — und das ist entscheidend — besitzt Exemplare von Wisby, welche noch in den Silurischen Kalk eingewachsen sind. In der Universitäts-Sammlung in Christiania habe ich in diesem Jahre einen aus dem dunkelblauen Silurischen Kalk der Umgegend herrührenden Schwamm gesehen, welchen ich trotz einer allerdings nur unvollständigen Erhaltung unserer Art zurechne.

Siphonia excavata ist mit *Astylospongia praemorsa* synonym. Sie ist durch Goldfuss nach einem einzigen Exemplare des Bonner Museum aufgestellt worden, welches sich lediglich durch tiefere von Verwitterung abhängige Aushöhlung des Scheitels von dem Original-Exemplare der *Siphonia praemorsa* unterscheidet. Einer eigenthümlichen concentrisch runzeligen, der Epitheca mancher Anthozoen ähnlichen, aber doch auch bei anderen fossilen Spongien vorkommenden Ueberzug der Unterseite, welchen das Exemplar zeigt, habe ich auch bei einem Exemplare der *Siphonia praemorsa* von der Insel Gotland beobachtet. Wenn demnach beide Arten in eine zu vereinigen sind, so muss diese die Benennung *Astylospongia praemorsa* erhalten, weil der letztere Name der Art in dem vollständigen Erhaltungszustande beigelegt, der Name *Siphonia excavata* aber nach einem verwitterten Exemplar aufgestellt wurde. Ebenso ist Hisinger's *Siphonia stipitata* nach der Abbildung und Beschreibung augenscheinlich nicht eine verschiedene Art, sondern lediglich ein Exemplar, bei welchem durch einen zapfenförmig vorstehenden zufälligen Anhang von Kieselmasse die vertiefte Scheitelfläche bedeckt wird. Die Angabe d'Orbigny's (Prodrome II, 286), der die Art *Jerea excavata* nennt, nach welcher sie in der Kreide von Maestricht vorkommen soll, ist eben so irrig wie so viele andere die Fundorte nicht Französischer Fossilien betreffende Angaben bei jenem Autor.

Erklärung der Abbildungen: Fig. 1 stellt ein wohl erhaltenes Exemplar in natürlicher Grösse von der Seite gesehen dar. Fig. 1a. dasselbe von oben gesehen. Fig. 1b. ein grösseres etwas deprimirtes Exemplar mit fast flachem Scheitel und sehr starken vom Scheitel ausstrahlenden Furchen, von der Seite gesehen. Fig. 1c. dasselbe von oben. Fig. 1d. ein grosses fast ganz kugeliges Exemplar vertikal durchschnitten. Die in der Zeichnung heller erscheinenden Partien der Schnittfläche bestehen aus durchsichtigem gelb-braunen Chalcedon, durch welchen hindurch man die regelmässig sternförmigen Körper des Gewebes erkennt. Fig. 1e. ein Stück der Schnittfläche vergrössert, die Zusammensetzung des inneren Gewebes aus lauter unter sich verbundenen sehr regelmässig sechsstrahligen sternförmigen kleinen Körper zeigend.

2. ASTYLOSPONGIA STELLATIM-SULCATA. Taf. I, Fig. 2, 2a, 2b.

Spongia stellatim-sulcata Ferd. Roemer i. Leonh. u. Bronn's Jahrb. 1848, 686, t. IX, f. 5.

Ein kugeliger, haselnuss- bis wallnuss-grosser Schwamm, dessen Oberfläche mit Furchen bedeckt ist, die in mehrere (6 bis 8) unregelmässig vertheilte Mittelpunkte undeutlich sternförmig zusammenlaufen.

Ein Anheftungspunkt ist nirgends wahrzunehmen. Die Wölbung und die Skulptur der Oberfläche ist überall so gleichartig, dass sich auch ein Oben und Unten nicht unterscheiden lässt. Grössere Oeffnungen werden auf der Aussenfläche nicht bemerkt. Das unterscheidet die Art besonders von *Astylospongia praemorsa*, welcher manche Stücke, bei denen die Furchen undeutlich werden, sonst wohl ähnlich sehen. Das Innere des Körpers zeigt ein ganz ähnliches durch kleine sternförmige Körper gebildetes Gewebe, wie *Astylospongia praemorsa*. Dagegen sind nicht so grosse vom Centrum ausstrahlende Kanäle, wie bei jener Art vorhanden und die dort vorhandenen concentrischen Kanäle scheinen hier ganz zu fehlen.

Vorkommen: Es liegen mir 14 Exemplare der Art vor, von denen das kleinste die Grösse einer Haselnuss, das grösste diejenige einer Wallnuss hat. Abgesehen von der Grösse unterscheiden sich die Exemplare besonders rücksichtlich der Deutlichkeit und der Zahl der Furchen. Mehrere der vorliegenden Exemplare sind noch zum Theil in Stücke des Silurischen Kalksteins eingeschlossen. Das Versteinerungsmittel aller Exemplare ist, wie bei *Astylospongia praemorsa* chalcedonartige Kieselmasse.

Erklärung der Abbildungen: Fig. 2 stellt ein Exemplar in natürlicher Grösse dar. Fig. 2a. die Schnittfläche eines in der Mitte durchschnittenen Exemplars. Der äussere aus dunkelerer Kieselmasse bestehende Ring ist nicht etwa durch eine Verschiedenheit der Struktur von dem inneren helleren Theile getrennt, sondern ist nur durch eine von aussen nach innen eindringende Verwitterung bedingt, durch welche das in der Kieselmasse enthaltene Eisenoxydul in Brauneisen umgewandelt ist. Fig. 2b. ein Stück der Oberfläche der Schnittfläche vergrössert.

3. ASTYLOSPONGIA INCISO-LOBATA. Taf. I, Fig. 3, 3a.

Spongia inciso-lobata Ferd. Roemer i. Leonh. und Bronn's Jahrb. 1848, 655.

Ein runder, niedergedrückt sphäroidischer Schwamm, welcher durch 6 bis 8 tief einschneidende, vom Scheitel über die Seiten hinablaufende und im Mittelpunkte der Unterseite sich wieder vereinigende Furchen am Umfange in ungleiche gerundete Lappen getheilt ist. Das Gewebe ist überall gleichmässig dicht oder fein porös. Grössere Oeffnungen werden eben so wenig, wie eine Anheftungsfläche bemerkt. Einige Exemplare von fast ganz kugeliger und kaum niedergedrückter Gestalt und mit seichteren unregelmässigeren Furchen, werden der vorhergehenden Art ähnlich und es soll die Möglichkeit, dass beide Arten durch Uebergänge verbunden sind, keineswegs ganz geleugnet werden.

Die innere Struktur wurde nicht beobachtet und in so fern ist die Zugehörigkeit zu der Gattung nicht zweifellos. Dagegen ist das Fehlen jeder Anwachsungsstelle unzweifelhaft.

Von den 6 vorliegenden Exemplaren hat das grösste 1 Zoll im Durchmesser. Dasselbe ist in ein Stück Hornsteinstück eingeschlossen, mit welchem zugleich ein Kelchstück von *Eucalyptocrinus* verwachsen ist.

Erklärung der Abbildungen: Fig. 3 Ansicht des grösseren der vorliegenden Exemplare von oben. Fig. 3a. von der Seite.

4. ASTYLOSPONGIA IMBRICATO-ARTICULATA. Taf. I, Fig. 5, 5a.

Siphonia imbricato-articulata Ferd. Roemer i. Leonh. und Bronn's Jahrb. 1848, 683, t. IX, fig. 3.

Unvollkommen cylindrisch, nach oben hin etwas verdickt, auf der Oberfläche mit ringförmigen, von oben nach unten etwas übergreifenden Absätzen bedeckt. Der Scheitel vertieft und im Grunde der Vertiefung 6 bis 8 grössere Oeffnungen zeigend. Aus dem Querschnitt ist ersichtlich, dass diese Oeffnungen die Mündungen von Röhren sind, welche durch die ganze Länge des Schwammes hindurchgehen. Der Querschnitt lässt zugleich erkennen, dass von der durch die grösseren Oeffnungen eingenommenen Achse des Schwammes radiale, nach aussen hin schmaler werdende und undeutlich sich theilende Längsspalten gegen den Umfang ausstrahlen. Auch bei dieser Art besteht, wie bei *A. praemorsa* und *A. stellatim-sulcata* das innere Gewebe des Schwammes aus sternförmigen, unter sich zusammenhängenden kleinen Körpern. Man erkennt dieselben sehr gut am äusseren Umfange der das untere Ende des Exemplars bildenden, durch Abbrechen erzeugten Fläche, da, wo die Versteinerungsmasse durchscheinend bläulich-grauer Chalcedon ist. Die Sterne scheinen jedoch etwas unregelmässiger als bei den beiden anderen Arten und allgemein nur vierstrahlig statt sechsstrahlig zu sein. Ohne diese Uebereinstimmung der inneren Struktur könnte es bedenklich erscheinen, die Art der Gattung zuzurechnen, da bei dem Fehlen des unteren Endes an dem einzigen vorliegenden Exemplare das der Gattung vorzugsweise zukommende Merkmal des Nicht-Angeheftetseins sich nicht feststellen liess und bei der cylindrischen Gestalt des Körpers an sich kaum wahrscheinlich schien.

Durch die fast walzenförmige Gestalt und die ringförmigen Wülste erinnert die Art einigermassen an *Scyphia articulata* Goldf. oder auch an *Scyphia cylindrica* Goldf. var. *rugosa* von Streitberg. Bei der jurassischen Art fehlen jedoch die inneren Längsröhren unserer Art und *Scyphia articulata* ist ausserdem durch eine zierlich gegitterte Oberfläche ausgezeichnet.

Erklärung der Abbildungen: Fig. 5 stellt das einzige vorliegende, am unteren Ende durch eine glatte Bruchfläche abgestutzte Exemplar in natürlicher Grösse von der Seite gesehen dar. Fig. 5a. Ansicht der das untere Ende bildenden glatten Bruchfläche.

PALAEOMANON nov. gen.

Ein napf- oder schalenförmiger nicht angehefteter Schwamm, welcher auf der Oberfläche zerstreute grössere Oeffnungen und dazwischen ein fein punktirtes Gewebe zeigt.

Der Mangel einer Anheftungsfläche unterscheidet die Gattung von allen Schwamm-Gattungen der späteren Formationen. Mit *Astylospongia*, mit welcher sie dieses Merkmal gemein hat, konnte man die hierher gehörende Art wegen der sehr abweichenden schalenförmigen äusseren Gestalt und den über die ganze Oberfläche verbreiteten grösseren Oeffnungen nicht wohl verbinden. So wurde die Errichtung einer neuen Gattung nöthig, an deren scharfer Begrenzung freilich noch viel fehlt. Die Benennung soll auf die Aehnlichkeit mit der in jüngeren Formationen verbreiteten Gattung *Manon* hinweisen.

PALAEOMANON CRATERA. Taf. I, Fig. 4, 4a.

Siphonia cratera Ferd. Roemer i. Leonh. und Bronn's Jahrb. 1848, 685. Taf. IX. Fig. 4, 4a.

Ein napf- oder becherförmiger Schwamm, welcher auf der ganzen Oberfläche mit zerstreuten grösseren und dazwischen mit nadelstichförmigen feinen Oeffnungen bedeckt ist. Die grösseren Oeffnungen sind auf der oberen vertieften Fläche viel deutlicher und schärfer begrenzt als auf den Seitenflächen, auf denen sie oft ganz unkenntlich werden. Von dem die Höhlung der Oberseite begrenzenden Rande ziehen sich unregelmässige Furchen oder Risse eine Strecke weit über die Aussenseite hinab. Das untere Ende wird durch eine wagerechte ebene Abstumpfungsfläche, ähnlich wie bei *Astylospongia praemorsa* gebildet. Seltener ist es zugerundet. Zuweilen ist die obere Fläche viel weniger vertieft. Es entstehen dann Formen, welche an *Astylospongia praemorsa* erinnern, und es will mir nicht ganz unmöglich scheinen, dass einmal vollständige Uebergänge zwischen beiden Arten beobachtet würden.

Erklärung der Abbildungen: Fig. 4 stellt ein ungewöhnlich grosses und tief ausgehöhltes becherförmiges Exemplar, wie es nur einmal gefunden wurde, in natürlicher Grösse dar. Auf den Flächen der inneren Höhlung sind die Oeffnungen wegen schlechter Erhaltung nicht sichtbar, wohl aber auf den Seiten. Fig. 4a stellt ein Exemplar von mittlerer Grösse und von der gewöhnlichen Form, wie deren 10 bis 12 vorliegen, von der Seite dar.

ASTRAEOSPONGIA.

Astraeospongium Ferd. Roemer 1854.

Ein scheibenförmiger nicht angewachsener Schwamm, welcher auf der Oberfläche und durch seine ganze Masse hindurch mit sehr regelmässig gestalteten aber ordnungslos zerstreuten sternförmigen Körpern erfüllt ist, dagegen keine deutlichen Kanäle oder Röhren erkennen lässt.

Der Mangel jeder Anheftung ist bei dieser Gattung eben so unzweifelhaft, als bei *Astylospongia*. Bei keinem der mehreren hundert Exemplare, welche von der einzigen Art der Gattung vorliegen, wurde eine Spur einer Anheftungsfläche bemerkt. Bei allen ist die untere Seite des

Körpers gleichmässig flach gewölbt oder eben. Der Körper muss mit dieser flachen Unterseite einfach auf dem Meeresgrunde geruht haben.

Die sternförmigen überall auf der Oberfläche und im Innern zerstreuten Körper sind von ganz anderer Beschaffenheit, als die kleinen bei *Astylospongia* erwähnten Sterne. Zunächst sind sie ungleich grösser als diese, so dass sie auch bei der oberflächlichsten Betrachtung des Schwammes mit unbewaffnetem Auge als auffallende Körper hervortreten. Ausserdem sind sie frei und hängen nicht wie diejenigen von *Astylospongia* durch ihre Strahlen untereinander zusammen. Die zwischen den Sternen liegende Körpermasse ist ganz gestaltlos und lässt weder Oeffnungen noch irgend ein organisches Gewebe wahrnehmen.

ASTRAEOSPONGIA MENISCUS. Taf. I, Fig. 6, 6a—d.

Blumenbachium meniscus Ferd. Roemer: Ueber eine neue Art der Gattung *Blumenbachium* (König) und mehrere unzweifelhafte Spongien-Arten in ober-Silurischen Kalkschichten der Grafschaft Decatur im Staate Tennessee i. Leonh. u. Bronn's Jahrb. 1848, 680—686, Taf. IX, Fig. 1a—c.

Astraeospongium meniscus Ferd. Roemer i. Leth. geogn. ed. 3. Th. II., 156, t. V[1]. Fig. 1a—c (1852).

Ein runder, scheibenförmiger, auf der oberen Seite concaver, auf der unteren convexer Körper, welcher auf der ganzen Oberfläche und auch im Inneren seiner Masse mit kleinen, ohne Ordnung zerstreuten, regelmässig sechsstrahligen Sternen erfüllt ist.

Ein in mehrfacher Beziehung bemerkenswerther Körper, welcher auch durch die Häufigkeit der Individuen als eines der ausgezeichnetsten Elemente der Fauna erscheint. Das auffallendste Merkmal derselben bilden die kleinen sternförmigen Körper, welche überall auf der Oberfläche und im Innern der Masse zerstreut liegen. Dieselben werden durch 6 drehrunde am Ende sich zuspitzende Strahlen gebildet, welche sich mit auffallender und ausnahmsloser Regelmässigkeit genau unter Winkeln von 60° im Mittelpunkte schneiden. Die Grösse des Sternes beträgt gewöhnlich 2½''' bis 3''' vom Ende des einen Strahls bis zum Ende des gegenüberliegenden; jedoch kommen auch kleinere und anderer Seits erheblich grössere vor. Die Dicke der Strahlen beträgt gewöhnlich etwa ¼'''. Zuweilen ist sie aber bei minderer Grösse des ganzen Sterns auch viel geringer und kommt nur der Stärke eines Haares gleich. Nicht selten liegen bei demselben Individuum solche kleinere Sterne mit feineren Strahlen zwischen den grösseren, von denen sie sich dann auch durch hellere Farbe und Halbdurchsichtigkeit unterscheiden. Es hat in diesem Falle ganz den Anschein, als seien die grösseren Sterne durch Incrustation der kleineren gebildet. In der That wird diese Bildung der grösseren Sterne sehr wahrscheinlich durch gewisse Exemplare, bei welchen auf der oberen Fläche nur noch einige wenige Sterne mit sehr plumpen und dicken Strahlen sichtbar sind, der ganze übrige Theil der Oberfläche aber durch unregelmässige rundliche Anschwellungen oder Tuberkeln, welche sich nur zuweilen zu undeutlichen Sternen gruppiren, eingenommen wird. Zuweilen sind die Strahlen der Sterne mit einer Längsfurche versehen, was jedoch nur Folge von Verwitterung zu sein scheint.

Die Anordnung der Sterne betreffend, so ist dieselbe durchaus regellos. Auf der oberen vertieften Fläche, auf welcher sie stets am deutlichsten und am zahlreichsten vorhanden sind, liegen sie jedoch stets in paralleler Lage mit dieser Fläche. Unter den der Oberfläche zunächst liegenden werden andere sichtbar, welche in ihrer Vertheilung eben so wenig irgend eine Regelmässigkeit mit Rücksicht auf die darüber liegenden erkennen lassen, sondern ganz unregelmässig übergreifend von diesen bedeckt werden. Auf der unteren convexen Seite des Körpers sind die Sterne durchgängig viel weniger deutlich und weniger häufig, als auf der oberen. Gewöhnlich sieht man hier nur einzelne undeutliche Spuren derselben. Jedoch finden sich gelegentlich auch Exemplare, bei welchen die Sterne auf der unteren Seite fast eben so vollkommen und zahlreich wie auf der oberen erscheinen. Namentlich sind sie dann auf den schief geneigten oder fast verticalen Seitenflächen der unteren Hälfte oft sehr deutlich sichtbar und liegen auch hier der Aussenfläche parallel. Dass die Sterne auch im Inneren des Körpers überall vorhanden sind, erkennt man bei angewitterten oder zerbrochenen Exemplaren. Die Zwischenräume zwischen den Sternen werden durch die ganze Dicke des Körpers hindurch mit gleichartiger Versteinerungsmasse ausgefüllt, in welcher eine organische Struktur durchaus nicht weiter bemerkt wird. Bei einem der vorliegenden Exemplare zeigt sich eine durch die ganze Dicke des Körpers hindurchgehende, grob faserige oder dünn prismatische Absonderung und zwar so, dass die Fasern oder dünnen Prismen fast senkrecht gegen die obere concave Fläche gerichtet sind.

Die Versteinerungsmasse ist im Gegensatze zu der Erhaltungsart der vorher beschriebenen Spongien vorherrschend ein hellgrauer Kalk. Namentlich bestehen daraus auch die Sterne. Beim Durchschlagen der Stücke nimmt man meistens die deutlich blätterige Struktur des Kalkspaths wahr. In der Mitte findet sich jedoch gewöhnlich ein mit Kalkspath durchwachsener Kern von dunklerem Hornstein und zuweilen dehnt sich die Verkieselung über den grösseren Theil der inneren Masse aus.

Was endlich noch die äussere Form der Stücke betrifft, so ist sie zwar im Ganzen sehr übereinstimmend die oben angegebene scheibenförmige, allein gewisse Abweichungen und Unregelmässigkeiten sind darum nicht ganz ausgeschlossen. Die obere Fläche ist oft kaum vertieft, sondern fast ganz eben, oder im Gegentheil sehr bedeutend und fast becherförmig vertieft. Zugleich verdickt sich dann der Boden sehr ansehnlich und die ganze Gestalt wird plump becherförmig. Nur ein einziges Exemplar zeigt eine ganz unregelmässige Gestalt. Es erscheint wie seitlich zusammengedrückt und auf der einen Seite in einen rinnenförmigen Fortsatz verlängert. Die ganze Form dieses Exemplares, welches ganz das Ansehen hat, als sei es zwischen fremdartige Körper eingeklemmt in der Ausbildung der regelmässigen Form gehemmt, lässt auf eine gewisse Biegsamkeit oder Plasticität des Körpers beim Leben des Thieres schliessen. Bei keinem der zahlreichen vorliegenden Exemplare wurde auch nur eine Spur einer Anheftungsfläche bemerkt. Der Körper ist offenbar beim Leben frei gewesen und hat, mit der concaven Seite nach oben gerichtet, auf dem Meeresboden gelegen.

Fragt man nun nach der zoologischen Verwandtschaft des Körpers, so weiset zwar die allgemeine, zu derjenigen keiner anderen Thierklasse passende Form, so wie auch das Zusammenvorkommen mit anderen Spongien, auf die Zugehörigkeit zu diesen hin, allein in mehrfacher

Beziehung scheint die Art doch ganz eigenthümlich dazustehen. Was ist zunächst die Bedeutung der sternförmigen Körper? Es können dieselben nicht wohl etwas Anderes als *Spiculae* oder Kieselnadeln sein. Allein in so regelmässig sternförmiger Gruppirung und in solcher Grösse sind dergleichen doch bei keiner anderen lebenden oder fossilen *Spongia* gekannt. Ferner ist die kalkige Natur der Versteinerungsmasse auffallend. Die meisten fossilen Spongien, und im Besonderen auch alle anderen auf derselben Lagerstätte vorkommenden Arten sind verkieselt. Hier dagegen ist die Versteinerungsmasse fast ganz kalkig. Das weiset mit Bestimmtheit darauf hin, dass die chemische Beschaffenheit des lebenden Körpers wesentlich verschieden von derjenigen der übrigen mit ihr zusammen vorkommenden und stets vollständig verkieselten Spongien gewesen sei. Die Art gehört augenscheinlich zu den Kalkschwämmen, welche wie Professor Steenstrup in Kopenhagen nachgewiesen hat, neben den vorherrschend Kieselerde enthaltenden Spongien in den gegenwärtigen Meeren keinesweges selten sind. Ich erhielt durch Steenstrup's gefällige Mittheilung ein Exemplar einer noch unbeschriebenen Art eines solchen Kalkschwamms von Grönland, welcher dreispiessige, mit blossem Auge deutlich sichtbare und wie der ganze Schwamm in Salzsäure leicht auflösliche *Spiculae* enthält. Diese Art scheint mir unter den lebenden einige Analogie mit der hier in Rede stehenden Silurischen Art zu haben.

Unter den von anderen Punkten beschriebenen Spongien ist zunächst das von König unter der Benennung *Blumenbachium globosum* beschriebene Fossil mit unserer Art zu vergleichen. Dasselbe wird von dem genannten Autor in seinem nur wenig verbreiteten Werke: *Icones fossilium sectiles* pag. 3 in folgender Weise beschrieben:

„*Blumenbachium*, nob. (*Polypi corticati*).

Polyparium globosum, externe undique obsitum stellulis prominentibus subquadratis, saepe confluentibus, punctato-porosis, interne cavernosum, substantia fibroso-cellulosa.

Blumenbachium globosum n. Ex calcareo, ut videtur, transitionis. Exemplaria duo in Museo Britannico asservata, indigena sunt; sed locum natalem nondum compertum habemus."

Die allerdings nur rohe Abbildung Taf. V. Fig. 69 zeigt einen 2½ Zoll breiten halbkugeligen Körper, welcher auf der gewölbten Seite mit drei- bis fünfstrahligen Sternen besetzt ist.

Auf den ersten Blick schien mir diese Beschreibung und Abbildung eine so grosse Uebereinstimmung mit dem Fossil aus Tennessee zu haben, dass ich das letztere derselben Gattung zurechnete und es unter der Benennung *Blumenbachium meniscus* beschrieb. Allein die spätere Beschreibung und Abbildung des *Blumenbachium globosum* durch Lonsdale in Murchison's Silur. Syst. II, 680, Taf. 15, Fig. 26, wo es unter den Bryozoen aufgeführt wird, lässt auf eine völlige Verschiedenheit von dem amerikanischen Fossile schliessen. Auch Morris Catal. of Brit. Foss. sec. ed. 1854, pag. 129 führt die Art als Synonym von *Theonoa globosa* Wood (Ann. nat. hist. XIII, 13) unter den Bryozoen, und zwar aus dem Crag von Suffolk an. Da anzunehmen ist, dass der letztere Englische Autor die Original-Exemplare von König verglichen habe, so ist dadurch die früher von mir vermuthete Verwandtschaft mit dem amerikanischen Fossile ausgeschlossen.

Dagegen scheint allerdings die von M'Coy (Synops. of the Silur. Foss. of Ireland. Dublin 1846, 67) beschriebene *Acanthospongia Siluriensis* aus Silurischen Schichten bei Cong in der Grafschaft Galway mit *Astraeospongia* verwandt zu sein. Sie soll nach der Beschreibung einen zwei Zoll langen ovalen Körper bilden, welcher mit ×förmigen, zwei bis sechs Linien grossen Spiculae erfüllt ist. Leider ist eine Abbildung nicht gegeben worden, durch welche eine nähere Vergleichung möglich wäre.

Vorkommen: Die Art ist das häufigste Fossil der Fauna und ich habe mehrere hundert Exemplare derselben gesammelt. Besonders häufig traf ich sie auf dem nahe bei Brownsport gelegenen Mound Glade an. Auch am Bear-grass Creek bei Louisville kommt die Art in Schichten gleichen Alters, aber weniger gut erhalten, vor.

Erklärung der Abbildungen: Fig. 6 stellt ein Exemplar mit sehr deutlichen Sternen in natürlicher Grösse von oben gesehen dar. Figur 6a. dasselbe von der Seite. Fig. 6b. ein Exemplar von abnormer Bildung, wie nur eines vorliegt, schief von der Seite gesehen Fig. 6c. eine Anzahl der sternförmigen Körper vergrössert, die Form und gegenseitige Lage derselben zeigend Fig. 6d. ein einzelner Stern noch stärker vergrössert.

II. POLYPI.

1. CALAMOPORA FAVOSA. Taf. II. Fig. 8.

Calamopora favosa Goldfuss Petref. Germ. I, 77, t. 27 f. 2.
Favosites favosa Edwards et Haime Monographie des Polyp. foss. des Terrains palaeoz. I. Archives du Muséum d'Histoire naturelle t. V, Vop. 238. (1851).
— — Hall Palaeontol of New-York II, 126 (?).

Die Artbestimmung der vorliegenden Exemplare gründet sich fast nur auf die übereinstimmende Grösse des Durchmessers der Röhrenzellen mit derjenigen der Goldfuss'schen Art. Die Anordnung der Verbindungsporen der Röhrenzellen ist eben so wenig, wie die angeblich für die Art bezeichnende mittlere Erhebung der Böden oder Querscheidewände an den vorliegenden Exemplaren zu beobachten. Der Durchmesser der Röhrenzellen ist noch etwas grösser, als Goldfuss sie bei seiner Art angiebt, und beträgt 4 bis 5 millim. Die Grösse der Zellen unter sich ist ziemlich gleich und die Form ihres Querschnittes oft sehr regelmässig sechsseitig.

Vorkommen: Nicht so häufig, als die folgenden Arten der Gattung. Es liegen nur drei platten- oder kuchenförmige Stücke von 2 Zoll Durchmesser vor.

Erklärung der Abbildungen: Fig. 8. stellt das grösste der zur Untersuchung vorliegenden Stücke von oben gesehen in natürlicher Grösse dar.

2. CALAMOPORA GOTHLANDICA. Taf. II, Fig. 9, 9a, 9b.

Corallium Gothlandicum Fougt Amoenit. Acad. I, 106, t. 4, f. 27.
Favosites Gothlandica Lamarck hist. anim. sans vert. II, 206.
Calamopora Gothlandica Goldfuss Petrif. germ. I, 78. t. 26 f. 3 (pars).
Favosites Gothlandica Edwards et Haime Polyp. foss. des terr. palaeoz. 235.
Favosites Niagarensis Hall Palaeontol. of New-York II, 125 t. XXXIV A., fig. 4.

Handgrosse, platten- oder kuchenförmige Korallenstöcke mit einem Durchmesser der ziemlich regelmässig sechsseitigen und gleich grossen Röhrenzellen von 2½ bis 3 millim. Die Querscheidewände oder Böden der Zellen liegen so genähert, dass vier derselben auf eine dem Durchmesser der Zellen gleichkommende Höhe der Zellen kommen. Die Verbindungsporen der Zellenwände sind nicht so regelmässig paarweise gestellt, wie sie Goldfuss abbildet, und zuweilen zeigt eine Zellenwand nur eine einfache Reihe von Poren.

Mit der typischen Form zusammen finden sich ausserdem fast eben so häufig Stücke, welche bei ganz gleichem äusseren Habitus sich anscheinend lediglich durch kleineren nur 1 bis 1½ millim. betragenden Durchmesser der Röhrenzellen unterscheiden. Ich betrachte dieselben lediglich als Varietät der Hauptform. Nach der Grösse der Zellen könnten sie zu *Favosites Hisingeri* Edwards et Haime a. a. O. 240, t. 17, f. 2, welche nach den genannten Autoren in der That in Perry County vorkommen soll, gehören, allein trotz guter Erhaltung erkenne ich an den mir vorliegenden Exemplaren die für die Art bezeichnende deutliche Entwicklung der Strahlen-Lamellen nicht.

Hall's *Favosites Niagarensis*, welche sich angeblich durch die vorherrschend sphäroidische Form des Korallenstockes, durch die rasche Vermehrung der Zellen und durch den geringeren Durchmesser der Zellen unterscheiden soll, halte ich nach vor mir liegenden Exemplaren von Lockport nicht für specifisch verschieden.

Vorkommen: Die verschiedenen aufgeführten Formen wurden vorzugsweise in einer besonders korallenreichen Schicht, aus der die meisten der hier zu beschreibenden Zoophyten herrühren, einzeln aber auch in anderen Schichten, beobachtet.

Erklärung der Abbildungen: Fig. a Ansicht eines unvollständigen Stückes in natürlicher Grösse von oben, Fig. 9a. vergrösserte Ansicht einer einzelnen Röhrenzelle von der Seite, Fig. 9b. vergrösserte Ansicht einiger Röhrenzellen im Längsschnitt, um die Stellung der Böden oder Querscheidewände zu zeigen.

3. CALAMOPORA FORBESI var. DISCOIDEA. Taf. II, Fig. 10, 10a, 10b.

Favosites Forbesi Edwards et Haime Brit. foss. corals from the Silurian. Formation p. 258 t. LX. Fig. 2, 2a, 2b.

Ein kleiner kreisrunder scheibenförmiger Korallenstock, welcher oben gewölbt, auf der unteren Seite fast eben oder nur mässig convex ist. Die obere Seite wird durch Zellenmündungen von sehr ungleicher Grösse und von sehr unregelmässiger Form gebildet, auf deren inneren Flächen man undeutliche Längsreifen wahrnimmt. Die untere Seite zeigt concentrische feine Anwachsstreifen und zugleich undeutliche wellenförmige Radial-Rippen. Die Mitte der Unterseite nimmt meistens ein kleiner umgebogener Stiel ein, mit welchem der Korallenstock angeheftet war. Der Durchmesser des ganzen Korallenstocks beträgt meistens nur 6 bis 10 Linien, selten 1 Zoll. Zuweilen ist der Umriss nicht genau kreisförmig, sondern mehr elliptisch.

Das auffallendste Merkmal dieser Form ist die grosse Ungleichheit und Unregelmässigkeit der Zellenmündungen. Dieselbe ist noch ungleich grösser, als bei den gewöhnlichen ausgewachsenen knollenförmigen Exemplaren der *Calamopora Forbesi*, wie sie auf Gotland und bei Dudley vorkommen. Edwards und Haime haben die ganz gleiche Form von Dudley beschrieben und abgebildet, ich selbst habe sie bei Wisby auf Gotland in zahlreichen völlig mit den amerikanischen übereinstimmenden Exemplaren gesammelt. Die Uebergänge zwischen dieser kleinen Form und der typischen ausgewachsenen Form der *C. Forbesi*, wie sie **Edwards** und **Haime** l. c. Fig. 2c. abbilden, habe ich zwar nicht selbst beobachtet, zweifele aber nicht an der von den genannten Autoren angenommenen Zusammengehörigkeit der beiden Formen zu derselben Art. Die hier beschriebene Form wird vielleicht als Jugendzustand anzusehen sein, dessen grosse Zellenungleichheit bei weiterem Fortwachsen durch Einsetzen neuer Zellen zwischen die vorhandenen allmählich verschwindet.

Erklärung der Abbildungen: Fig. 10 stellt das grösste von sechs vorliegenden Exemplaren in natürlicher Grösse von oben gesehen dar, Fig. 10a. dasselbe von unten, Fig. 10b. von der Seite.

4. CALAMOPORA CRISTATA. Taf. II, Fig. 12.

Calamopora polymorpha Hisinger Leth. Suec. 97 t. 27, f. 6 (1837).
Favosites polymorpha Lonsdale in Murchison's Sil. Syst. 684 t. 15, f. 2.
Favosites cristata Edwards et Haime Polyp. foss. des Terr. Palaeoz. in: Archives du Mus. Vol. V. p. 242 (1851).
— — Edwards et Haime British foss. Corals from the Silur. Formation (Palaeontograph Soc.) 260 t. LXI f. 3 et 4 (1854).

Nur ein einziges fingerlanges Stück der Art liegt vor. Dasselbe zeigt am Grunde eine ebene Fläche, mit welcher der Korallenstock angewachsen war. Das ganze Stück ist verkieselt und die kieselige Versteinerungsmasse erscheint an den Kelchrändern der Zellen in einzelne Körner zertheilt, indem die unvollkommen ausgebildeten Kieselringe die Kelchränder schneiden.

Uebrigens stimmt das Stück ganz mit Exemplaren von Gotland überein. Die ganz ähnliche Form, welche **Goldfuss** als *Calamopora polymorpha var. ramoso-divaricata* aus dem Devonischen Kalke der Eifel beschrieben hat, nennen **Edwards** und **Haime** *Favosites cervicornis* ohne scharfe Unterschiede von der Silurischen angeben zu können.

Erklärung der Abbildung: Die Figur zeigt das Stück in natürlicher Grösse von der Seite. Die von dem Zeichner angegebenen Kerben der Kelchwandungen gehören nicht zu der Struktur der Koralle selbst, sondern sind in der angedeuteten Weise durch die Verkieselung hervorgebracht.

5. CALAMOPORA FIBROSA. Taf. II, Fig. 2, 2a, 2b.

Calamopora fibrosa Goldfuss Petrif. germ. I, 82, t. 28 f. 3 et 4; 215, t. 64, f. 9.
Favosites fibrosa Londsdale l. Murchison's Sil. Syst. p. 683 t. 15 bis fig. 6, 6a—6f, fig. 7, 7a.

Zollgrosse, kugelige Massen, welche auf der ganzen Oberfläche mit sehr kleinen unregelmässig polygonalen unmittelbar an einander stossenden Zellen-Mündungen bedeckt sind und im Innern aus sehr regelmässig von dem Mittelpunkte nach Aussen gerade und straff ausstrahlenden und nach Aussen sich verdickenden prismatischen haarförmig dünnen Röhrenzellen bestehen. Es ist mir nicht zweifellos, ob die Stücke wirklich der Goldfuss'schen Art angehören. Die der Beschreibung von Goldfuss vorzugsweise zu Grunde liegenden amerikanischen Exemplare sind mir nicht zur Hand, und eine scharfe Vergleichung daher nicht möglich. Die von Goldfuss pag. 215. Taf. 64 Fig. 9 als *var. globosa* beschriebene, sehr regelmässig kugelige oder halbkugelige Form, welche bei Gees unweit Gerolstein (nicht bei Bensberg, wie Goldfuss irrthümlich angiebt!) in grosser Häufigkeit auf den Feldern umherliegt, stimmt in der äusseren Gestalt sehr nahe mit unserer Form aus Tennessee überein. Allein ich erkenne an derselben eben so wenig wie Goldfuss die für die Gattung *Calamopora* wesentlichen, die Zellenwände durchbohrenden Verbindungs-Poren. Die letzteren sind dagegen bei unserer amerikanischen Form entschieden vorhanden. Ein in der Mitte gespaltenes verkieseltes Exemplar, bei welchem die Kalksubstanz der Röhrenzellen selbst verschwunden ist, zeigt die Ausfüllungen der Verbindungs-Poren als kleine, in regelmässigen Reihen stehende und die benachbarten haarförmigen Zellenkerne verbindende Quer-Cylinder. Dadurch wurde die Art bestimmt von *Chaetetes Petropolitanus* Lonsdale (*Favosites Petropolitanus* Pander), mit welchem sie sonst im äusseren Ansehen durchaus übereinstimmt, unterschieden, wenn diese Art, wie auch Edwards und Haime annehmen, wirklich zu der Gattung *Chaetetes* gehört. Allein vielleicht hat man die Anwesenheit der Verbindungs-Poren bei der Russischen Art bisher nur übersehen. Nachdem ich einmal die Verbindungs-Poren bei der amerikanischen Art deutlich gesehen habe, ist mir das letztere bei der sonstigen Aehnlichkeit der beiden Arten fast wahrscheinlich. Bei der jedenfalls sehr geringen Grösse können diese Poren wohl um so eher übersehen sein, als sie selbst den grösseren *Calamopora*-Arten in der gewöhnlichen unverwitterten Erhaltungsart der Exemplare oft nur sehr schwer erkannt werden.

Sollte sich aber auch Goldfuss'*Calamopora fibrosa* als wirklich zu *Chaetetes* gehörend erweisen, so würde der hier beschriebenen Art aus Tennessee dennoch der Name verbleiben können.

Lonsdale l. c. Taf. 15 bis Fig. 6c, 6d, 6f, hat die Verbindungs-Poren bei seiner *Favosites fibrosa* aus dem englischen Wenlock-Kalke deutlich abgebildet. An der Identität dieser Form mit unserer Amerikanischen ist daher wohl nicht zu zweifeln, besonders da auch das Alter der Lagerstätten ganz gleich ist.

Vorkommen: Es liegen drei verkieselte und auf der Oberfläche durch Eisenoxydhydrat braun gefärbte Exemplare vor.

Erklärung der Abbildungen: Fig. 2: Ansicht eines Exemplares in natürlicher Grösse von der Seite. Fig. 2a: Ansicht eines in der Mitte durchgebrochenen Exemplars. Fig. 2b: Vergrösserte Ansicht von drei als Steinkerne erhaltenen Röhren. Zellen desselben Stückes mit den in regelmässigen Längsreihen stehenden Ausfüllungen der Verbindungsform der Röhrenzellen. Dieselben bilden kleine je zwei Röhrenzellen verbindende Stäbchen. Auf der gegen die Bruchfläche gewendeten Seite des Korallenstockes sind diese Stäbchen abgebrochen und haben nur kleine Knötchen zurückgelassen.

ALVEOLITES REPENS. Taf. II, Fig. 13, 13a.

Millepora repens Fougt Amoenit. Acad. Vol. I, 99, t. IV, f. 25 (1749).
— — Hisinger Leth. Suec. p. 102 t. 29, f. 5 (1837).
— — Lonsdale in Murchison's Silur. Syst. p. 680 t. 15, f. 30 (1839).
Alveolites repens Edwards et Haime Polyp. foss. Terr. palaeoz. p. 258 (1851).
— — Edwards et Haime Brit. foss. Corals from the Silur. Form. p. 268, t. 62, f. 1, 1a. (1854).
Cladopora seriata Hall Palaeontol. of New-York Vol. II, p. 137, t. XXXVIII, f. 1 (1852).

Ein aus 2 millim. dicken, dichotomisch sich theilenden und mit den benachbarten verwachsenden cylindrischen Stämmchen gebildeter kleiner Korallenstock, dessen scharfrandig vortretende Zellenmündungen in regelmässigen Längsreihen angeordnet sind.

Die Zahl der Längsreihen von Zellenmündungen ist 7 bis 8 und der Abstand der benachbarten Zellenmündungen derselben Reihe von einander kommt etwa dem Durchmesser der Zellenmündungen gleich. Wenig grösser ist der Abstand der Mündungen von denjenigen der benachbarten Reihen. Die Mündungen in benachbarten Reihen alterniren übrigens mit einander. Die Erhaltung der Ränder der Mündungen ist leider nicht vollständig genug, um die Form der Mündungen genau zu bestimmen, doch ist darum die Zugehörigkeit zu der Gattung *Alveolites* nicht zweifelhaft. Die schiefe Richtung der Röhrenzellen gegen die Oberfläche ist ganz so, wie sie für die Gattung überhaupt bezeichnend ist.

Edwards und Haime ziehen auch *Calamopora fibrosa var. ramis gracilibus* Goldfuss Petref. Germ. I, 82 Taf. 28, Fig. 4, aber wie ich glaube, mit Unrecht hierher. Die Goldfuss'sche Art hat bei viel stärkerem Durchmesser der Aeste weder die schiefe Stellung der Röhrenzellen gegen die mittlere Achse der Aeste, noch die Regelmässigkeit der Längsreihen der Zellenöffnungen, wie sie unserer Art zukommt.

Die von denselben Autoren angenommene Identität von Hall's *Cladopora seriata* mit unserer Art halte ich dagegen gleichfalls für wahrscheinlich, obgleich ich sie nicht durch Vergleichung mit New-Yorker Exemplaren habe feststellen können.

Die Abbildung der englischen Form von Dudley und Wenlock bei Edwards und Haime passt vollständig zu unserem Exemplar aus Tennessee.

Vorkommen: Es liegt nur ein deutliches Exemplar vor. Dasselbe besteht aus zwei durch schiefe Seitenzweige mit einander verbundenen parallelen Stämmchen und ist von einem Polypenstock von *Calamopora polymorpha* überwachsen, für welchen sie ursprünglich wohl den Stützpunkt geboten hat.

Erklärung der Abbildungen: Fig. 13 stellt das einzige vorliegende Exemplar in natürlicher Grösse, Fig. 13a. einen Abschnitt eines Zweiges vergrössert dar.

HELIOLITES INTERSTINCTA. Taf. II, Fig. 5, 5a.

Madrepora interstincta Linné Syst. nat. ed. 12 p. 1276, (1767).
Astrea porosa Hisinger Leth. Suec. p. 98 t. 28 f. 2. (1837.)
Heliolites Murchisoni Edwards und Haime Polyp. foss. des terr. Palaeoz. i. Archives du Museum V, 215. (1851.)
— — British Fossil Corals from the Silurian Formation (Palaeontog. Soc.) 1854. p. 250, t. LVII, f. 6, 6a – e.
Heliolites pyriformis Hall Palaeontology of New-York II, 138, t. XXXVI A., f. 1 (1852).

Der Durchmesser der Kelche beträgt nur 1 millim. oder selbst noch etwas weniger und der Abstand derselben von einander ist 1½ bis 2, ja selbst 3 Mal so gross als dieser Durchmesser. Das passt nicht zu der specifischen Feststellung von *Heliolites interstincta* durch Edwards und Haime, denn nach ihnen soll bei *Heliolites interstincta* der Durchmesser der Kelche 1½ millim. und der Abstand der Kelche von einander nur ¾ so gross oder eben so gross als dieser Durchmesser sein. Allein unter der Benennung *Madrepora interstincta* hat doch wohl Linné in jedem Falle die am gewöhnlichsten auf Gotland vorkommende Art der Gattung verstanden. Die gewöhnlichste Art Gotland's hat aber gerade die bei der amerikanischen Art angegebene Grösse und Anordnung der Kelche. Zahlreiche von mir selbst an verschiedenen Stellen Gotlands gesammelte Exemplare stimmen in jeder Beziehung mit der amerikanischen Form überein.

Nach Edwards und Haime sind zwei nahe stehende Silurische Arten der Gattung vorhanden, *Heliolites interstincta* und *Heliolites Murchisoni*, welche sich vorzugsweise durch den Abstand der Kelche unterscheiden. Bei *Heliolites interstincta* soll der Abstand der Kelche von einander nur dem Durchmesser der Kelche gleich kommen oder selbst nur ⅔ des Durchmessers betragen; bei *Heliolites Murchisoni* dagegen das Doppelte oder Dreifache des Durchmessers. Hiernach würde unsere Form zu *Heliolites Murchisoni* zu stellen sein. Allein ich habe noch kein Vertrauen zu der specifischen Selbstständigkeit von *Heliolites Murchisoni*, indem ich Grösse und Abstand der Kelche bei dieser Gattung überhaupt sehr schwankend finde.

Das Cönenchym zwischen den Kelchen besteht bei den Exemplaren aus Tennessee aus sehr deutlichen prismatischen und gewöhnlich regelmässig sechsseitigen Zellen, die Zahl der in gerader Richtung zwischen zwei Kelchen liegenden solchen Zellen schwankt zwischen 5 bis 12.

Die Gestalt des ganzen Korallenstockes ist wie gewöhnlich bei der Gattung unregelmässig knollenförmig mit mehr oder minder deutlich elliptischem Umriss. Die Grösse der zahlreichen vorliegenden Stöcke beträgt 2 bis 4 Zoll. Auf der Unterseite bildet eine dicke Epitheca unregelmässig concentrische Runzeln. Meistens sieht man hier auch ein Bruchstück eines Cyathophylliden- oder Crinoiden-Stiels eingeschlossen, welches ursprünglich der Koralle als Ansatzpunkt dienend nachher von derselben überwachsen ist.

Vorkommen: Sehr häufig in derselben korallenreichen Lage, in welcher auch die Calamoporen vorzugsweise sich finden. Die auf der Oberfläche gelblichgraue Versteinerungsmasse ist meistens Hornstein.

Erklärung der Abbildungen: Fig. 5. Ansicht eines vollständigen Exemplars in natürlicher Grösse von der Seite. Fig. 5a. ein Stück der Oberfläche vergrössert.

PLASMOPORA FOLLIS. Taf. II, Fig. 6, 6a.

Plasmopora follis M. Edwards et Haime Monogr. des Polyp. foss. des terr. Palaeoz. i. Archives du Museum d'hist. nat. Tom. V. p. 225, t. 16, f. 3, 3a.

— — Edwards et Haime British Foss. corals from the Silurian Formation p. 254.

Ein kreiselförmiger, birnförmiger oder unregelmässiger knollenförmiger, mit dem unteren Ende festgewachsener Polypenstock von 1 bis 3 Zoll Länge, welcher auf der ganzen Oberfläche kreisrunde, nur auf der unteren Seite zum Theil durch eine dünne Epitheca bedeckte Oeffnungen der Röhrenzellen zeigt.

M. Edwards und Haime haben unter der Benennung *Plasmopora* gewisse Korallen der Silurischen Schichten vereinigt, welche bei einem ganz mit *Heliolites* übereinstimmenden allgemeinen Habitus sich wesentlich nur durch die Beschaffenheit des die Röhrenzellen vereinigenden Cönenchym's unterscheiden. Bei *Heliolites* besteht dasselbe aus schmalen senkrechten Lamellen, deren Zwischenräume auf der Oberfläche des Korallenstockes als feine eingestochene Punkte zwischen den kreisrunden Mündungen der Röhrenzellen erscheinen. Bei *Plasmopora* wird dasselbe durch breite von den Zellenmündungen ausstrahlende und über die Oberfläche als Leisten vorstehende senkrechte Lamellen gebildet, welche grössere prismatische Räume zwischen sich lassen.

Typus der Gattung ist *Plasmopora petaliformis* Edwards et Haime (*Porites petaliformis* Londsdale i. Murchison's Silur. Syst. p. 687 t. 16, f. 4) aus dem Silurischen Kalke von Dudley. Die hier in Rede stehende amerikanische Art zeigt die für die Gattung bezeichnende Beschaffenheit des Cönenchym's sehr deutlich und soll sich von der typischen *Plasmopora petaliformis* nach Edwards und Haime (Brit. foss. Corals of the Silur. format. p. 254) nur durch kleinere und mehr genäherte Zellenöffnungen und durch die anscheinend constante abweichende Form des ganzen Korallenstocks unterscheiden.

Die Epitheca der Unterseite wird durch die dünnen Ränder der kappenförmig über einander greifenden Wachsthumslagen gebildet. Nicht immer bedeckt sie zusammenhängend die Unterseite, sondern ist durch Zellen tragende Zonen unterbrochen. Oft sind mit dem unteren Ende noch die fremden Körper verwachsen, an welche sich der Korallenstock anfänglich befestigte. Gewöhnlich sind es Säulenstücke von Crinoiden oder Bruchstücke von *Halysites catenularia* Edwards et Haime (*Catenipora labyrinthica* Goldfuss).

Vorkommen: In grosser Häufigkeit in einer vorzugsweise korallenreichen Schicht. Mehr als 100 Exemplare wurden darin von mir gesammelt. Die Versteinerungsmasse ist Hornstein. Die äussere Farbe der Stücke gelblich.

Erklärung der Abbildungen: Fig. 6. Ansicht eines besonders regelmässig gestalteten Stückes in natürlicher Grösse von der Seite, Fig. 6a. ein Stück der Oberfläche vergrössert.

HALYSITES CATENULARIA. Taf. II, Fig. 7.

Tubipora catenularia Linné Syst. nat. ed. 12, 1270 (1767).
Catenipora labyrinthica Goldfuss.
Halysites catenularia Edwards et Haime Polyp foss. des terr. Palaeoz. i. Archives du Museum V, Fig. 8a—e.; Brit. foss. Corals from the Silur. form. p. 270.

Vollständig mit der europäischen Form übereinstimmend und, in gleicher Weise mit Exemplaren anderer Localitäten in Nord-Amerika, namentlich von Lockport unweit Buffalo übereinstimmend.

Vorkommen: Nicht häufig! Es liegen nur zwei kleinere verkieselte Exemplare vor, welche in der vorzugsweise korallenreichen Schicht gefunden wurden.

Erklärung der Abbildung: Fig. 7 Ansicht eines Stücks von oben in natürlicher Grösse.

THECOSTEGITES HEMISPHAERICUS. n. sp. Taf. II, Fig. 3, 3a.

Ein halbkugeliger, 1 bis 2 Zoll im Durchmesser grosser Korallenstock, welcher auf der ganzen Oberfläche mit unregelmässig zerstreuten und durch Zwischenräume von kompakter Korallenmasse getrennten kleinen kreisrunden Zellenöffnungen besetzt ist, auf der flachen Unterseite dagegen nur concentrische Runzeln zeigt. Auf den ersten Blick gleicht die Art dem *Chaetetes Petropolitanus*, allein bei näherer Untersuchung erkennt man bald, dass die Zellenmündungen nicht wie dort polygonal und unmittelbar an einander stossend, sondern kreisrund und durch Zwischenräume von dem ein- oder zweifachen Durchmesser der Zellenmündungen selbst getrennt werden. Die Art der Vertheilung der Zellenmündungen ist etwa wie bei *Heliolites*, allein während dort auch die Zwischenräume zwischen den Zellenöffnungen porös sind, so erscheinen hier diese Zwischenräume wenigstens an der Oberfläche ganz compakt, ohne Poren und Löcher. Auch fehlen die Strahlenlamellen im Innern der Zellenmündungen. Ein meistens etwas vorstehender deutlicher Rand umgiebt die Zellenmündungen.

Alle diese Merkmale passen dagegen gut zu der Gattung *Thecostegites* von M. Edwards und Haime. Dennoch bin ich der Zugehörigkeit des amerikanischen Fossils zu der genannten Gattung der französischen Autoren keineswegs sicher, sondern stelle sie vielmehr nur mit Bedenken zu derselben. Denn einmal hat sich an den vorliegenden Exemplaren der innere Bau nicht nachweisen lassen und anderer Seits sind die Zellenmündungen im Vergleich zu denjenigen der übrigen *Thecostegites*-Arten von auffallender Kleinheit. Bei den kleineren Exemplaren sind es nur Nadelstich-förmige, dem blossen Auge kaum noch erkennbare punktförmige Oeffnungen. Ist die Oberfläche verwittert, so sind die Kelchmündungen viel weiter und die Aehnlichkeit mit *Calamopora* oder *Chaetetes* erscheint dann noch grösser. Immer sind aber auch dann noch die Kelche durch viel dickere Wände getrennt, als bei den letzteren Gattungen.

Vorkommen: Es liegen 7 Exemplare vor, von denen 6 ungefähr 1 Zoll, das siebente aber 2½ Zoll im Durchmesser haben.

Erklärung der Abbildungen: Fig. 3. Ansicht eines Exemplars in natürlicher Grösse von der Seite. Fig. 3a. Ein Stück der Oberfläche vergrössert.

THECIA SWINDERENANA. Taf. II, Fig. 4, 4a, 4b.

Agaricia Swinderniana Goldfuss Petref. Germ. I, 109, t. 38, f. 8 (1829).
Porites expatiata Lonsdale l. Murchison Silur. Syst. 687, t. 16, f. 3 (1839).
Thecia Swinderenana Edwards et Haime Polyp. foss. des Terrains palaeoz. p. 307.
— — Edwards et Haime Brit. Foss. Corals from. the Silur. Formation p. 279.
Thecia Swinderenana Ferd. Roemer in Leonh. und Bronn's Jahrb. 1856, p. 266.

Platten- oder scherbenförmige, 3 bis 5 millim. dicke, ganz verkieselte Bruchstücke, welche auf der oberen Fläche unregelmässig zerstreute, Nadelstichen ähnliche Löcher tragen, die durch einzelne tiefe Furchen unter einander verbunden ein wurmzerfressenes Ansehen der Oberfläche hervorbringen. In dieser gewöhnlichen Erhaltung ist das Ansehen sehr verschieden von demjenigen der *Thecia Swinderenana*, wie sie von Goldfuss und Edwards und Haime beschrieben worden ist, und man glaubt ein ganz eigenthümliches neues Korallengeschlecht vor sich zu haben. Allein bei genauerer Prüfung erkennt man bald, dass dieses gewöhnliche Ansehen nicht dasjenige des wohl erhaltenen und vollständigen Korallenstockes, sondern durch Verwittern und Abreiben hervorgebracht ist. Zuweilen sieht man nämlich an einzelnen Theilen der Oberfläche noch unversehrte nicht abgeriebene Kelche. Diese haben dann ganz das sternförmig gestrahlte *Astrea*-artige Ansehen, wie es Goldfuss nach Exemplaren aus dem Diluvium von Groningen abgebildet hat, und wie ich selbst es an noch besser erhaltenen Exemplaren derselben Fundstelle beobachtet habe. Durch das Abreiben werden die Strahlen-Lamellen zerstört und die gewölbten Zwischenräume zwischen den Zellen geebnet. Die feinen Furchen, welche auf der so veränderten Oberfläche des Korallenstockes die Zellenöffnungen unter sich verbinden, sind die tiefsten der Furchen, welche je zwei benachbarte Strahlen-Lamellen von einander trennen.

Durchaus übereinstimmend nehme ich diese verschiedene Erhaltungsart der Oberfläche auch an Exemplaren wahr, welche ich bei Wisby, von wo die Art bisher nicht gekannt war, auf Gotland gesammelt habe. In der gewöhnlichen Erhaltungsform habe ich die Art auch in den schwarzen Kalken der Insel Malmö bei Christiania gesammelt, so dass ihr also eine bedeutende Verbreitung zusteht.

Vorkommen: Es liegen 3 Exemplare vor, von denen das grösste 1½ Zoll gross ist.

Erklärung der Abbildungen: Fig. 4. Ein scherbenförmiges Stück mit abgeriebener Oberfläche in natürlicher Grösse von oben gesehen. Fig. 4a. Ein Stück der Oberfläche eines solchen Exemplars vergrössert. Fig. 4b. Vergrösserte Ansicht der vollständig erhaltenen Oberfläche eines anderen Exemplars.

CYATHOPHYLLUM SHUMARDI. Taf. II, Fig. 14, 14a.

Cyathophyllum Shumardi Edwards et Haime Monogr. des Polyp. foss. des terr. Palaeoz. p. 370, t. 7, f. 3.

Ein verlängert kreiselförmiger, subcylindrischer, mässig gekrümmter oder hin und her gebogener, einfacher Korallenstock, dessen auszeichnendstes, von anderen Arten der Gattung unterscheidendes äusseres Merkmal in scharfkantigen oder fast schneidigen, durch concave Zwischenräume getrennten Ringwülsten besteht. Bei den übrigen einfachen Cyathophyllen erfolgt das Fortwachsen entweder continuirlich, ohne auffallende Unterbrechung, und dann zeigt die Oberfläche des Stockes nur einfache Anwachsstreifen, oder es findet eine periodische Unterbrechung des Fortwachsens Statt und in diesem Falle zeigt die Oberfläche stärkere Wachsthumsabsätze. Regelmässig sind nun diese letzteren so gestaltet, dass der neu hervorwachsende Theil der Zelle einen geringeren Umfang, als der vorhergehende besitzt, aus dessen Kelche er hervorwächst und gewissermassen dütenförmig in diesem steckt. Bei der hier in Rede stehenden Art ist das Verhalten ein anderes. Der über einem Wachsthumsabsatze folgende Theil des Stockes hat nämlich am Grunde denselben Umfang, wie der vorhergehende in seinem oberen Theile, dann aber verengt er sich und erweitert sich erst wieder oberhalb der Mitte des Abstandes von dem zunächst folgenden Wachsthumsabsatze. Auf diese Weise erscheint der ganze Stock abwechselnd eingeschnürt und erweitert. Nur mit einem ganz schmalen Rande greift der vorgehende Abschnitt des Stockes gewöhnlich über die Basis des folgenden hinüber. Die obere Fläche dieses Randes ist durch den Anfang der Stern-Lamellen gekerbt. Der Abstand je zwei benachbarter Ringwülste ist gewöhnlich grösser, als der Durchmesser des Korallenstockes. Bei Exemplaren mittlerer Grösse beträgt der Abstand 19 millim., die Dicke des Korallenstocks in der Mitte zwischen zwei Ringwülsten 17 millim. Uebrigens ist die ganze Oberfläche des Korallenstockes mit sehr regelmässigen feinen Längsreifen, deren Zahl 64 bis 70 beträgt, bedeckt. Jeder dieser Längsreifen wird wieder durch eine feine und seichte mittlere Längslinie getheilt. Der Kelch ist kreisrund und mässig tief. Ich finde denselben übrigens nur bei zwei kleineren Exemplaren erhalten. Gewöhnlich sind die Stücke unterhalb des Kelches abgebrochen. In dem Kelche sieht man 30 bis 35 Stern-Lamellen, welche bis in die Nähe des Mittelpunktes fast gerade oder nur wenig hin und her gebogen sich fortenstrecken und hier zu einem krausen Gewebe sich verwirren. Die Seitenflächen der Stern-Lamellen sind mit groben zahnartigen Asperitäten bedeckt, welche schon mit blossem Auge deutlich sichtbar sind und auch zu den auszeichnenden specifischen Merkmalen der Art gehören. Auch der Innenrand der Stern-Lamellen, so weit er frei, ist in dem Kelche grob gezähnt. Zwischen je zwei Stern-Lamellen ist eine rudimentäre, nur etwa 1 millim. lange secundäre vorhanden. Die Zahl der grossen und kleinen Stern-Lamellen vereinigt kommt derjenigen der Längsreifen auf der Oberfläche des Korallenstockes gleich, aber die Stern-Lamellen stehen den Zwischenräume zwischen je zwei dieser Reifen, nicht diesen selbst gegenüber. An einigen verwitterten Exemplaren nimmt man wahr, dass auch deutliche horizontale Böden wenigstens in der Mitte vorhanden sind.

Von bekannten Arten scheint *Cyathophyllum flexuosum* (Hisinger Leth. Suec. p. 102, Taf. 29.

Fig. 3; non Goldfuss!) unserer Art am Nächsten zu stehen und namentlich ist die Bildung der Ringwülste ähnlich.

Vorkommen: Die Art gehört zu den häufigeren Fossilien der Fauna. Die zahlreichen gesammelten Exemplare sind jedoch alle unvollständig. Die Versteinerungsmasse ist bei allen ein bläulich weisser Hornstein.

Edwards und Haime haben die Art nach Exemplaren derselben Localität in Tennessee, welche E. de Verneuil von Dr. Troost in Nashville erhielt, beschrieben. Das von ihnen abgebildete Exemplar ist ein kleineres mit verhältnissmässig stark genäherten Ringwülsten.

Erklärung der Abbildungen: Fig. 14. Ansicht eines der grösseren Exemplare in natürlicher Grösse von der Seite. Fig. 14a. Ansicht der Kelchöffnung von oben.

AULOPORA REPENS. n. sp. Taf. II, Fig. 1, 1a.

Milleporites repens Walch et Knorr. Sammlung von Merkw. III, 179, t. VI*, f. 1. (1775.)
Tubiporites serpens Schlotheim Petrefk. I, 367. (1820.)
Aulopora serpens Goldfuss Petref. I, 82, t. 29, f. 1. (1829.)
— — Hisinger Leth. Suec. 95, t. 27, f. 1.
Aulopora repens Edwards et Haime Polyp. foss. des terr. palaeoz. p. 312. (1850.)

Edwards und Haime bemerken in ihrer höchst werthvollen systematischen Bearbeitung der paläozoischen Korallen, dass ächte Auloporen in Silurischen Schichten bisher nicht nachgewiesen seien, und dass die von einigen Autoren als solche bestimmten Körper als ganz junge Individuen zu Syringoporen gehörten. Dieselben Autoren haben in ihrer späteren Arbeit: Brit. Foss. corals from the Silurian Formation p. 274, t. 65, f. 1 als Jugendzustand von *Syringopora fascicularis* einen kriechenden aufgewachsenen kleinen Korallenstock von Dudley abgebildet, welcher durchaus einer Aulopora gleicht, von dem sie aber behaupten, dass er sich allmählich durch röhrenförmige Verlängerung der Kelche und durch seitliche Knospung zu einer ächten Syringopora umgestalte. Obgleich ich nicht in der Lage bin, der letzteren Beobachtung auf eigene entgegengesetzte Wahrnehmungen gestützt zu widersprechen, so finde ich doch anderer Seits zwischen der Abbildung des englischen Fossils und der Art aus Tennessee, so wie auch zwischen diesem letzteren und der gewöhnlichen devonischen *Aulopora repens* der Eifel eine so grosse Uebereinstimmung, dass ich an der generischen Zusammengehörigkeit der drei Formen nicht zweifle, und dass, wenn wirklich jenes englische Fossil eine jugendliche Syringopora wäre, die Gattung Aulopora überhaupt mit Syringopora nach meiner Ansicht zu vereinigen sein würde. Zu der letzteren Annahme wird man sich aber nicht so leicht ohne weitere Beobachtungen entschliessen.

Das von Hisinger als *Aulopora serpens* von Gotland beschriebene Fossil stimmt vollständig mit der Art aus Tennessee überein, wie ich durch Vergleichung mehrerer von mir selbst bei Wisby gesammelten Exemplaren feststellen konnte.

Dagegen bin ich in Betreff der specifischen Identität der amerikanischen Art mit der devonischen Art der Eifel nicht in gleichem Maasse sicher. Abgesehen davon, dass die silurische Form nicht die Grösse der devonischen erreicht, so scheint auch die Form der Kelchmündungen allgemein nicht so trichterförmig erweitert, wie bei der devonischen Art, sondern nahezu cylindrisch zu sein.

Vorkommen: Von den zwei vorliegenden Exemplaren ist das eine auf einen scheibenförmigen Korallenstock von *Heliolites interstincta*, das andere auf ein Zoll-langes Säulenstück eines Crinoiden aufgewachsen. Bei dem letzteren Exemplare überwachsen die Verzweigungen des Korallenstockes auch das durch eine ebene Gelenkfläche gebildete Ende des Säulenstücks und liefern den Beweis, dass die Substanz des Crinoiden-Stiels auch nach dem Absterben des Thieres und nach längerem Liegen auf dem Grunde des Meeres hinreichende Festigkeit besass, um die Unterlage für einen Korallenstock zu bilden. Uebrigens ist bei dem letzteren Exemplare der Korallenstock gleich allen übrigen Korallen der Localität verkieselt, während das Säulenstück aus spâthigem Kalk besteht.

Erklärung der Abbildungen: Fig. 1 stellt ein auf ein abgeriebenes Stück von *Heliolites interstincta* aufgewachsenes Exemplar in natürlicher Grösse dar; Fig. 1a. ein Stück desselben Exemplars vergrössert.

III. BRYOZOA.

FENESTELLA ACUTICOSTA n. sp. Taf. II, Fig. 15, 15a.

Die scharfkantige, leistenförmige Gestalt der die Zellenöffnungen tragenden Hauptstäbe und die bedeutende Grösse zeichnen diese Art vor anderen aus. Die Hauptstäbe sind so hoch und scharf leistenförmig, dass man gerade auf die gitterförmige Ausbreitung des Korallenstockes sehend die Zellenöffnungen auf den steil abfallenden Seitenflächen der Stäbe kaum bemerkt und die porenlose untere Fläche des Korallenstockes vor sich zu haben glaubt. Erst wenn man schief gegen die Seitenflächen der Stäbe sieht, erkennt man deutlich die sehr regelmässigen Porenreihen. Die porenlosen Querstäbchen erreichen nicht das Niveau der Kanten der Hauptstäbe, sondern liegen tiefer. Der Abstand der Hauptstäbe beträgt 1 millim., der Abstand der Querstäbchen zwichen zwei Hauptstäben 2 millim.

Vorkommen: Es liegt nur ein einziges deutliches Exemplar, ein etwa 6 Quadratzoll grosses, flach ausgebreitetes Stück des Korallenstockes vor. Es liegt auf einem Stück von gelb-braunem Kalkstein. Die Versteinerungsmasse des Korallenstockes ist weisslicher Hornstein.

Erklärung der Abbildungen: Fig. 15. Ansicht der gitterförmigen Ausbreitung in natürlicher Grösse; Fig. 15a. ein Theil desselben vergrössert.

IV. CRINOIDEA.

Dr. G. Troost in Nashville, welcher eine reiche Sammlung von organischen Einschlüssen der Silurischen Schichten und des Kohlenkalks im Staate Tennessee zusammengebracht und namentlich auch den zahlreichen Crinoiden dieser älteren Schichten besondere Aufmerksamkeit gewidmet hatte, sendete kurz vor seinem Tode der American Association for the Advancement of Science eine Liste der ihm aus den älteren Gesteinen des Staates Tennessee überhaupt bekannt gewordenen Crinoiden ein. Diese Liste ist zuerst in den Proceedings of the American Association. 1849 p. 60, Second Meeting held at Cambridge. Boston 1850. p. 62 gedruckt und demnächst auch in Silliman's Journal of Sc. and Arts 1849, VIII, p. 419—420, und nach diesem in Leonhard und Brown's Jahrbuch für Mineralogie etc. Jahrg. 1850 p. 376—377 aufgenommen worden. Dieselbe zählt 88 Arten von Crinoiden und einige wenige Asteriden und Echiniden auf, und giebt eine bedeutende Zahl neuer Gattungsnamen. Leider fehlt jede Beschreibung oder Diagnose der Gattungen und Arten und selbst eine Angabe der Lokalitäten und der Schichten, denen die einzelnen Arten angehören, wird vermisst. So ist denn auch unmöglich nach dieser Liste zu bestimmen, welche Arten mit den verschiedenen Namen gemeint sind. Selbst wenn man, wie ich, die Troost'sche Sammlung durch eigene Durchsicht genau kennt und anderer Seits Exemplare der meisten in derselben enthaltenen Arten besitzt, sieht man sich ausser Stande die Bedeutung der in jener Liste enthaltenen Namen zu ermitteln. Mir ist zum Beispiel völlig unbekannt, was für generische Formen unter den Benennungen *Cabacocrinites, Balanocrinites, Agariocrinites* u. s. w. verstanden sind, obgleich ich sehr wahrscheinlich dieselben Formen in meinen im Staate Tennessee gemachten Sammlungen besitze. In der gegenwärtigen Schrift haben daher bei der Benennung der zu beschreibenden Arten von Crinoiden die Namen jener Liste ganz unberücksichtigt bleiben müssen. Sollte sich in der Folge etwa mit Hilfe handschriftlicher Aufzeichnungen von Troost ermitteln lassen, dass von den hier zu beschreibenden Arten eine grössere oder geringere Anzahl mit Arten jener Liste identisch ist, so würde dies die Priorität der von mir gewählten Benennungen nicht beeinträchtigen können, weil nach allgemein geltenden nomenklatorischen Grundsätzen die Publikation blosser Namen von Arten ohne Diagnose oder

Beschreibung ein Prioritätsrecht solcher Namen nicht begründet. Ich finde mich zur Vermeidung etwaiger Namens-Verwirrung namentlich deshalb zu dieser Bemerkung veranlasst, weil von amerikanischen Autoren einzelne Namen jener Troost'schen Liste angenommen und ihnen ein Vorzug vor Benennungen derselben Arten durch andere Autoren, welche jene Arten zuerst in allgemein erkennbarer Weise durch Beschreibung und Abbildung als neu unterschieden haben, eingeräumt wird. So hat mein verehrter Freund I. Hall in dem Report on the geological Survey of the State of Jowa by James Hall and I. D. Whitney Vol. I. Part II. Palaeontology. 1858, welcher durch die Beschreibung und vortreffliche Illustration einer grossen Anzahl von Crinoiden aus dem Kohlenkalk und anderen älteren Schichten der westlichen Staaten eine werthvolle Erweiterung unserer Kenntniss der Crinoiden enthält, eine Art der Gattung Pentatrematites unter der Benennung *Pentremites cherokeeus* p. 691 beschrieben und unter diesem Namen die Literatur-Angaben in folgender Weise aufgeführt:

„*Pentremites cherokeeus:* Troost, Ms. of Monograph; Catalogue, 1849, Proc. Am. Assoc. for the advancement of Science p. 60.

Pentremites sulcatus: Roemer: Monogr. of Blastoideae 1852, p. 354, t. 6, f. 10a, b, c."

Es wird hier also auf Grund eines angeblich früher verfassten, aber niemals veröffentlichten Manuscriptes und eines im Jahre 1849 publicirten blossen Namen-Verzeichnisses mein im Jahre 1852 einer in gutem Glauben für neu gehaltenen Art beigelegter Name *P. sulcatus* beseitigt. Es liegt auf der Hand, dass, wenn eine solche Nichtbeobachtung der anerkannten nomenklatorischen Regeln eine grössere Verbreitung gewönne, die Sicherheit der ganzen paläontologischen Nomenklatur in Frage gestellt sein würde.

Bei den folgenden Beschreibungen von Crinoiden ist durchgehends die von Joh. Müller aufgestellte Terminologie für die Anordnung der Kelchtäfelchen, wie sie in der Lethaea geognostica Th. II, p. 215–218 erweitert und ergänzt von mir mitgetheilt wurde, befolgt worden.

A. CYSTIDEA.

CARYOCRINUS ORNATUS. Taf. III, Fig. 1a, 1b, 1c.

Caryocrinites ornatus Say in Journ. Acad. nat. Sc. of Philadelphia IV, 289 (1825).
Caryocrinites loricatus Say ibidem.
Caryocrinites ornatus London Zoolog. Journal II, 311, t. 9, f. 1 (1826).
— — Blainville Manuel d'Actinologie 268, t. 29, f. 5 (1843).
— — Castelnau Essai sur le Syst. Silur. de l'Amerique septentrion. t. 25, f. 2 (1843).
— — Hall Geology of New-York IV, 111, t. 41, No. 19, f. 4—7, No. 20, f. 1 et 2 (1843)
Caryocrinus ornatus L. v. Buch Cystideen 1—13, t. 1, f. 1—7, t. 2, f. 1, 3, 8 (1845).
— — Hall Palaeontology of New-York II, 216—227, t. 49, f. 1a—s, t. 49A., f. 1a—d (1852).
— — Ferd. Roemer in Lethaea geognostica Th. II, 271, t. IV[1], f. 7a, b. (1852—1854).

Dieses schöne Crinoid, dessen Bau Leop. von Buch und James Hall nach Exemplaren von Lockport im Staate New-York vollständig kennen gelehrt haben, ist das häufigste Crinoid unserer Fauna. Mehrere hundert Exemplare des Kelches wurden auf den verschiedenen „glades" von mir gesammelt. Die Dimensionen der grössten derselben gehen noch bedeutend über diejenigen der grössten durch J. Hall bei Lockport beobachteten hinaus. Der grösste mir vorliegende Kelch ist 65 Millimeter lang und 50 Millimeter breit, und einzelne lose gefundene Täfelchen lassen auf Kelche von noch bedeutenderer Grösse schliessen. Die gewöhnliche Grösse der Kelche ist wie bei Lockport diejenige von etwa 30 Millim. in der Länge und 12 Millim. in der Breite. Viele Exemplare haben dadurch einen etwas von demjenigen der gewöhnlichen Exemplare von Lockport verschiedenen Habitus, dass der Kelch nach oben gegen die ebene Scheitelfläche hin mehr verengt und die Scheitelfläche selbst kleiner ist. Namentlich zeigen die sehr grossen Exemplare diese Abweichung. Zum Theil erscheint die Scheitelfläche auch nur dadurch kleiner, dass die bei den Exemplaren von Lockport gewöhnlich erhaltenen die Arm-Basen bildenden Stücke bei den Exemplaren aus Tennessee meistens ausgefallen sind. Die Erhaltungsart betreffend, so sind die Kelche entweder verkieselt und dann äusserlich gewöhnlich gelblich von Farbe, oder in Kalkspath verwandelt und dann weiss.

Say's *Caryocrinites loricatus* ist eine blosse Varietät der Hauptform. Troost führt in der schon erwähnten Liste von Crinoiden des Staates Tennessee fünf andere Arten von *Caryocrinus* (*C. meronideus*, *C. hexagonus*, *C. granulatus*, *C. insculptus* und *C. globosus*), dagegen nicht den *C. ornatus* auf. Ich kann nach persönlicher genauer Durchsicht der Troost'schen Sammlung versichern, dass alle fünf angeblichen Arten lediglich nach unwesentlichen Merkmalen der Kelchform und der Sculptur unterschiedene Varietäten des *C. ornatus* sind. Die Gattung ist bisher nur in dieser einzigen Art bekannt und ist ein ausschliesslich amerikanisches Geschlecht. Ausser dem westlichen Theile des Staates New-York, wo sich bei Lockport beim Graben des Erie-Kanals die Kelche scheffelweise gefunden haben und in der Grafschaft Decatur in Tennessee kommt die Art auch an der schon mehrfach erwähnten Lokalität von Beargrass-Creek unweit Louisville im Staate Kentucky vor. In allen drei Gegenden gehört die Art genau demselben Niveau Ober-Silurischer Schichten an, wie die begleitenden Fossilien erweisen.

Die systematische Stellung der Gattung betreffend, so soll nach L. v. Buch die Gattung ein Verbindungs-Glied zwischen den Cystideen und den ächten Crinoiden (Actinoideen) sein. Allein wenn auch gewisse Merkmale und namentlich der Bau der mit Pinnulae versehenen Arme und die Stellung derselben am oberen Umfange des Kelches in ansehnlicher Entfernung von der Mitte des Scheitels an die echten Crinoiden erinnern, so beweisen anderer Seits noch wesentlichere Charaktere, zu denen namentlich das Vorhandensein einer bei keinem echten Crinoid bekannten, aus klappenförmig an einander schliessenden Stücken gebildeten Anal-Pyramide (Ovarial-Pyramide L. von Buch's) und der die Kelchtäfelchen durchbohrenden Porenreihen gehört, die entschiedene Zugehörigkeit zu den Cystideen.

Erklärung der Abbildungen: Fig. 1a. stellt ein grosses, völlig unverdrückt erhaltenes Exemplar in natürlicher Grösse von der Seite gesehen dar. Die einzige in das Innere des Kelches führende, am oberen Rande desselben zwischen den Narben der abgebrochenen Arme befindliche Oeffnung ist sichtbar. Die bei vollständiger Erhaltung in Form einer Pyramide (Anal-Pyramide) die Oeffnung bedeckenden klappenförmigen Stücke sind ausgefallen. Fig. 1b. Ein Exemplar gewöhnlicher Grösse von der Seite gesehen. Die in das Innere des Kelches führende Scheitelöffnung ist auch hier sichtbar. Fig. 1c. eines der grossen über den Basalstücken folgenden und die Seitenflächen des Kelches vorzugsweise bildenden Täfelchen (Parabasal-Stücke) gegen die Innenfläche gesehen in natürlicher Grösse. Die vertikal auf dem Aussenrande des Täfelchens stehenden mit einer Pore endigenden Furchen sind sichtbar.

APIOCYSTITES sp.

Die Sammlung des Dr. Troost in Nashville enthielt eine kleine wahrscheinlich der Gattung *Apiocystites* angehörende Cystidee aus den Schichten unserer Fauna in Decatur County. Nach der rohen Skizze, welche ich davon genommen und welche mir vorliegt, kommt die Art nahe mit Hall's *Apiocystites elegans* überein und könnte möglicher Weise damit identisch sein. Auf der oberen Hälfte des länglichen subcylindrischen Kelches waren deutlich eine rundliche Oeffnung und zwei Rhombenfelder („pectinated rhombs" von Forbes) wahrzunehmen. Es wäre zu wünschen, dass nach den Exemplaren der in Nashville gebliebenen Troost'schen Sammlung eine nähere Bestimmuug der Art gegeben würde. Ich vermuthe, dass der in der erwähnten Crinoiden-Liste von Troost aufgeführte Name *Echinocrinites fenestratus* sich auf die hier in Rede stehende Art bezieht.

B. ACTINOIDEA (Crinoiden im engeren Sinne).

PLATYCRINUS TENNESSEENSIS nov. sp. Taf. III, Fig. 4a—f.

Der Kelch niedrig, fast doppelt so breit, als hoch, regelmässig fünfseitig im Umriss. Die drei Basalstücke bilden eine ganz ebene Platte von der Form eines regulären Fünfecks. Zwei der Stücke sind gleich, das dritte viel kleiner, kaum mehr als halb so gross wie jedes der beiden anderen. Die centrale Oeffnung der Platte ist meistens von einem wulstförmigen Ringe umgeben, der durch den Eindruck des obersten Säulengliedes entsteht. Zuweilen haftet dieses selbst an den Basal-Platten, in welchem Falle der Ring noch viel stärker erscheint. Auf der inneren der Kelchhöhle zugewendeten Fläche der vereinigten Basalstücke wird die centrale, oft deutlich fünflappige Oeffnung von fünf durch Leisten getrennten blumenblattförmigen Gruben gleich einer geöffneten Blumenkrone umgeben. Uebrigens ist die Verwachsung der 3 Basalstücke unter sich so innig, dass häufig die Nähte gar nicht erkennbar sind und die drei Stücke zu einer Platte vereinigt auch dann gefunden werden, wenn der übrige Kelch ganz in einzelne Stücke zerfallen ist. Dieselbe innige Verwachsung der Basalstücke findet sich bekanntlich bei vielen im Kohlenkalke vorkommenden Arten des Geschlechtes. Ueber den Basalstücken folgt ein Kranz von fünf grossen gleichen Radialstücken erster Ordnung, welche doppelt so breit, als hoch und von regelmässiger quer hexagonaler Form. Sie sind den geradlinigen Rändern der fünfseitigen Basal-Platte mit solcher Neigung nach oben aufgesetzt, dass für die ganze untere Seite des Kelches dadurch eine mässige Wölbung entsteht. Der nächste Kranz besteht aus fünf axillaren Radialstücken zweiter Ordnung von rundlich dreieckiger Form, welche durch ihre winzige Kleinheit im auffallendsten Contraste zu den Radialstücken erster Ordnung stehen. Bei Exemplaren mittlerer Grösse haben sie kaum grössere Dimensionen, als ein starker Stecknadelknopf und sind kaum ⅛ so breit, wie die Radialstücke erster Ordnung. Sie stehen auf der Mitte des oberen Randes der letzteren und bringen hier durch ihre Einfügung nur eine kleine seichte Kerbe oder Ausbuchtung hervor. Von viel bedeutenderer Grösse sind wieder die nun folgenden Distichal-Radialstücke (radialia distichalia). Sie stehen paarweise auf dem oberen geradlinigen Rande der Radialstücke erster Ordnung und vereinigen sich über das kleine Axillar-Radialstück mit ihrem schmalen Ende übergreifend über der Mitte desselben in einer kurzen Naht. Ihre Form ist unregelmässig dreiseitig in der Art, dass sie aussen am höchsten, nach Innen zu niedriger werden. Meistens sind von den Arm-Basen nur diese Stücke erhalten. Dann ist nur eine einzige subquadratische in das Innere der Kelchhöhlung führende grosse Arm-Oeffnung an jeder der fünf Ecken des Kelches vorhanden. Zuweilen aber sind über jenen auch noch zwei andere schmalere Stücke — radialia distichalia zweiter Ordnung — vorhanden.

Dieselben vereinigen sich in der Mitte ebenfalls mit einer Naht, welche in der geraden Fortsetzung der Nath der ersteren Stücke liegt, und indem sie bei ihrer Vereinigung einen nach oben gerichteten Fortsatz bilden, auf welchen sich ein schon der Kelchdecke angehörendes kleines Schalstückchen auflegt, so wird auf diese Weise jede der fünf grossen Armöffnungen in zwei ovale Oeffnungen getheilt. Auf diesen letzteren Stücken haben unmittelbar die freien Arme gestanden, von denen Nichts weiter bekannt ist. Endlich gehören zu den Täfelchen der unteren oder dorsalen Kelchhälfte noch fünf ziemlich grosse, herzförmig dreieckige Stücke, welche in fast vertikaler Stellung zwischen je zwei benachbarte Arm-Basen in der Art eingeschoben sind, dass sie in ihrem unteren stumpfwinkelig zugespitzten Ende von den Radial-Stücken erster Ordnung, auf den Seiten aber durch die vorher beschriebenen Distichal-Stücke erster und zweiter Ordnung, und endlich an ihrem oberen verdickten und in flachem Bogen gekrümmten Ende durch 4 oder 5 kleine unregelmässig polygonale Stückchen der Kelchdecke begrenzt werden. Nach dieser ihrer Stellung sind die fraglichen Stücke nicht sowohl als **Interradialia**, sondern als **Interdistichalia** zu bezeichnen.

Die mässig gewölbte Kelchdecke wird durch eine unbestimmte grössere Anzahl (130 bis 140) kleiner unregelmässig polygonaler und unter sich ungleicher Stücke (Deckenstücke — tegminalia) gebildet. Eine Gesetzmässigkeit in deren Anordnung tritt nicht deutlich hervor. Doch scheinen im Ganzen über den herzförmigen Interdistichal-Stücken die grösseren, über den Arm-Basen die kleineren Stücke in je 5 nach dem Scheitel zu convergirenden Feldern angeordnet zu sein. Bei ausgewachsenen Exemplaren erhebt sich jedes der Deckenstücke in der Mitte zu einer stumpfen Spitze und die ganze Oberfläche der Kelchdecke wird dadurch uneben höckerig. Bei jugendlichen Individuen dagegen sind alle Stücke flach und eben. Nur eine einzige in das Innere der Kelchhöhlung führende Oeffnung (**Mund**) ist auf der Kelchdecke vorhanden. Dieselbe liegt fast in der Mitte, jedoch etwas excentrisch, in der Verbindungslinie von zwei gegenüberstehenden Arm-Basen. Sie ist oval und weder durch eine ringförmige Wulst ausgezeichnet, noch in einer Röhre verlängert. Bei den beiden vorliegenden Exemplaren, an welchen die Oeffnung erhalten ist, erscheint dieselbe nach Lage und Form fast ganz gleich. Die Oberfläche aller die untere Hälfte des Kelches bildenden Stücke ist glatt. Nur auf den Basalstücken bemerkt man bei sehr guter Erhaltung sehr feine senkrecht auf den Aussenrändern stehende erhabene Linien.

Die erste aus Silurischen Schichte bekannt gewordene Art der Gattung *Platycrinus!* Die Hauptentwickelung der Gattung fällt bekanntlich in den Kohlenkalk. Die ziemlich zahlreichen Arten der devonischen Schichten zeichnen sich durch das Vorhandensein eines zwischen zwei der fünf grossen Radialstücke eingeschobenen einzelnen Interradial-Stücks aus, welches Veranlassung gegeben hat, diese devonischen Arten unter der Benennung *Hexacrinus* von den typischen Formen zu trennen. Aus Silurischen Schichten war bisher keine Art bekannt und es ist bemerkenswerth, dass diese erste darin aufgefundene Art weder einem eigenthümlichen Typus angehört, noch auch sich den devonischen Formen mit eingeschobenem Radialstück anschliesst, sondern unter den typischen Formen des Kohlenkalks ihre nächsten Verwandten hat. Die wesentliche Anordnung und die Zahl der Kelchtäfelchen ist durchaus dieselbe wie bei diesen. In dem Kohlenkalke Irlands kommt eine niedrige Varietät des *Platycrinus expansus* McCoy vor, welche in der allgemeinen äusseren Form unserer Silurischen Art am nächsten steht. Specifisch auszeichnend ist für die Art aus Tennessee besonders die Kleinheit der Axillar-Radialstücke (zweiter Ordnung) welche weit entfernt für sich allein die Basis der Distichalia zu bilden, von diesen letzteren seitlich weit überragt werden. Demnächst möchte eine so grosse Zahl der die Kelchdecke zusammensetzenden Stücke auch kaum bei einer anderen Art gefunden werden.

Vorkommen: Die Art gehört zu den gewöhnlichsten Crinoiden, ja zu den gewöhnlichsten Fossilien unserer Fauna überhaupt. Besonders häufig sind die aus der Verwachsung der drei Basalstücke entstehenden fünfseitigen Platten. Von diesen liegen gegen 50 Exemplare vor. Ganze Kelche sind seltener, doch liegen auch von diesen einige durchaus vollständige vor, so dass die Merkmale der Art in jeder Beziehung sicher festgestellt werden konnten. Die meisten Exemplare bestehen aus weissem Kalkspath. Einige sind verkieselt und dann meistens von gelblicher Farbe. Von der Säule ist Nichts bekannt geworden. — Aus den gleichstehenden Schichten des Staates New-York ist durch J. Hall nichts Aehnliches beschrieben worden und ebenso wenig kennt man von Dudley oder von der Insel Gotland eine der unserigen vergleichbare oder identische Art.

Erklärung der Abbildungen: Fig. 4a. stellt das vollständigste der vorliegenden Exemplare in natürlicher Grösse von der Seite gesehen dar. Fig. 4b. Dasselbe Exemplar von oben gegen die Kelchdecke gesehen. Fast in der Mitte der letzteren ist die nicht scharf und regelmässig begrenzte, in das Innere des Kelches führende Oeffnung sichtbar. Fig. 4c. Dasselbe Exemplar von unten gesehen. Fig. 4d. Ein sehr grosser in weissem Kalkspath versteinerter Kelch in natürlicher Grösse von unten gesehen. Die aus feinen senkrecht gegen die Nähte der Täfelchen gerichteten Linien bestehende Skulptur der Oberfläche ist angedeutet. Fig. 4f. Die aus der Verwachsung der drei Basal-Stücke gebildete Platte eines anderen Exemplars gegen die Innenfläche gesehen.

LAMPTEROCRINUS[1]) TENNESSEENSIS nov. gen. et sp. Taf. IV, Fig. 1a, 1b.

Der Kelch höher als breit, nach oben erweitert, birn- oder feigenförmig und in folgender Weise zusammengesetzt. Fünf kleine Basal-Stücke bilden eine niedrige Schale. Die Nähte der einzelnen Basal-Stücke sind freilich, wie so häufig auch bei anderen Crinoiden, ungleich schwieriger als die Nähte der übrigen Stücke des Kelches sicher zu erkennen. An einem der vorliegenden Stücke liessen sie sich jedoch mit völliger Deutlichkeit beobachten. Die Seiten-

---

[1]) Etymol. λαμπτήρ, ῆρος, Leuchte, Laterne; wegen der Aehnlichkeit des Kelches mit einer gewissen Form von Laternen.

Nath zwischen je zwei angrenzenden Stücken liegt immer auf einer Rippe oder Leiste, welche mit geradlinigem Verlauf auch auf die folgenden Täfelchen fortsetzt. Jedes der Basalstücke ist von aussen gesehen fünfseitig und zwar so, dass eine horizontale Seite des Fünfecks den Rand der fünfseitigen, unmittelbar auf dem obersten Säulengliede aufruhenden ebenen unteren Fläche des Beckens bildet, zwei kürzeste etwas nach oben divergirende Seiten die Begrenzung gegen die benachbarten Basalstücke bilden und endlich zwei Seiten mittlerer Länge oben über der Mitte des Stückes in stumpfem Winkel zusammenstossen. Der obere Rand des Beckens besteht auf diese Weise aus fünf aus- und fünf einspringenden Winkeln. In diese letzteren fügen sich die zunächst über den Basalstücken folgenden viel grösseren fünf Stücke ein. Auch sie liegen noch nicht in der Richtung der Arme und sind also Parabasal-Stücke. Vier dieser Stücke sind gleich und sechsseitig, das fünfte ist grösser und siebenseitig. Mit dem letzteren beginnt ein einzelnes unpaares durch Breite ausgezeichnetes Interradial-Feld. Alle fünf Parabasal-Stücke sind gewölbt und mit starken von dem erhöheten Mittelpunkte ausstrahlenden Leisten geziert, von deren Anordnung später noch näher die Rede sein wird. Demnächst folgen fünf ebenfalls sechsseitige, aber etwas in die Quere ausgedehnte Stücke, welche über den Nähten der Parabasal-Stücke stehend schon in der Richtung der Arme liegen. Es sind also Radialstücke erster Ordnung. Die Form ist sechsseitig, breiter als hoch. Zwei der fünf Stücke und zwar die dem einzelnen grösseren Interradial-Felde zunächst liegenden sind kleiner als die drei übrigen. Demnächst folgen 5 Radial-Stücke zweiter Ordnung. Sie sind viel kleiner und ebenfalls sechsseitig. Zwei dieser Stücke, welche an das einzelne grössere Interradial-Feld angrenzen, sind nicht wie die drei anderen grade auf die Mitte, sondern schief auf die Radialstücke erster Ordnung aufgesetzt. Eine Linie, welche den Mittelpunkt eines dieser beiden Stücke mit dem Mittelpunkte des ihm zur Unterlage dienenden Radial-Stücks erster Ordnung verbindet, liegt nicht wie bei den drei übrigen Stücken in der geraden Fortsetzung der Nath von zwei Parabasal-Stücken, sondern bildet mit dieser einen Winkel und ist gegen das breitere unpaare Interradial-Feld geneigt. Es folgen noch kleinere Radial-Stücke dritter Ordnung. Diese liegen noch in der Ebene der allgemeinen Kelchwölbung. Dagegen treten die Radial-Stücke vierter Ordnung als fünf vorragende Ecken am oberen Rande des Kelches vor. Sie sind ausgerandet und bilden so den unteren Theil der ovalen Armlöcher. Eine verticale, mit feinen Radiallinien gezierte Gelenkfläche dieser Stücke hat die regelmässig fehlenden Arme getragen. Von diesen letzteren ist Nichts weiter als der unterste Theil, der sich bei einem Exemplar erhalten hat, bekannt. Derselbe besteht aus einer einfachen Reihe schmaler Stücke. Weiterhin haben sich wahrscheinlich die Arme getheilt.

Die Zusammensetzung der Interradial-Felder betreffend, so sind vier derselben gleich, das fünfte aber ist, wie schon oben bemerkt wurde, durch Breite und grössere Zahl der dasselbe bildenden Stücke ausgezeichnet. Jedes der vier gleichen Interradial-Felder besteht aus einem zwischen zwei Radialstücke zweiter Ordnung eingeschobenen sechsseitigen Stück (Interradial-Stück zweiter Ordnung), aus zwei zwischen zwei benachbarte Radialstücke dritter Ordnung eingeschobenen Stücken (Interradial-Stücke dritter Ordnung) und endlich drei, schon auf gleicher Höhe mit den Armlöchern stehenden Stücken (Interradial-Stücke vierter Ordnung), im Ganzen also aus 6 Stücken. Das einzelne unpaare breitere Interradial-Feld dagegen besteht aus einem zwischen zwei Parabasal-Stücke eingeschobenen und diese überragenden grossen sechsseitigen Stücke, aus einem zwischen die Radial-Stücke erster und zweiter Ordnung eingeschobenen, kleineren sechsseitigen Stück, ferner aus drei auf dieses letztere aufgesetzten viel kleineren Stücken, und endlich aus drei wiederum kleineren, schon auf gleicher Höhe mit den Armlöchern stehenden Stücken, im Ganzen also aus 8 Stücken. Der grösseren Breite dieses einzelnen Interradial-Feldes entsprechend sind die beiden über demselben stehenden Arm-Narben weiter, als je zwei andere Arm-Narben aus einander gerückt.

Die hoch gewölbte Kelchdecke oder der Scheitel des Kelches wird durch zahlreiche unregelmässig polygonale kleine Stücke, die in der Mitte sich zu einer mehr oder weniger stark vorragenden Spitze erheben, in scheinbar regelloser Anordnung gebildet. Die einzige in das Innere des Kelches führende Oeffnung (der Mund) liegt auf der Spitze eines rüssel- oder röhrenförmigen, aus noch kleineren Stücken zusammengesetzten centralen Fortsatzes, welcher aber an keinem der vorliegenden Exemplare vollständig erhalten, sondern meistens schon am Grunde abgebrochen ist.

Die Skulptur der Oberfläche des Kelches ist eine sehr ausgezeichnete. Sie besteht in scharf vortretenden Leisten, welche von gewissen Mittelpunkten sternförmig ausstrahlen. Bevor man die Grenzen der Täfelchen unterschieden hat, erkennt man nicht das Gesetzmässige in der Anordnung dieser Leisten. Nachdem die ersteren aber bestimmt sind, tritt das Gesetz der Anordnung sogleich hervor. Die Leisten strahlen von dem Mittelpunkte der Kelchtäfelchen aus und stehen auf den Seitenrändern derselben senkrecht. Bei den grösseren Täfelchen sind eben so viele von dem Mittelpunkte ausstrahlende Leisten, als Seiten des Kelchtäfelchens, nämlich sechs, vorhanden, und die Leisten treffen gerade auf die Mitte der Seiten. Zuweilen sind ausserdem noch kleinere accessorische Leisten vorhanden. Diese theilen dann aber nicht etwa den Winkel zwischen zwei Hauptleisten, sondern laufen stets einer der Hauptleisten parallel und stehen also ebenfalls senkrecht auf den Seiten der Täfelchen. Da jeder der Seitenränder eines Täfelchens zugleich den nur durch die Naht getrennten Seitenrand eines anstossenden Täfelchens bildet und von dem Mittelpunkte dieses letzteren ebenfalls eine Leiste gegen die Mitte der Seite verläuft, so treffen immer je zwei Leisten benachbarter Täfelchen gerade auf einander und erscheinen, wenn die Nath unkenntlich ist, als eine einzige. Sucht man daher bei einem Exemplar, an welchem die Näthe sehr versteckt sind, diese letzteren zu bestimmen, so wird man senkrecht auf die Mitte jeder Leiste eine gerade Linie ziehen. Alle diese Linien zusammen werden mit den Näthen der Täfelchen zusammenfallen. Dieselbe Anordnung der Leisten findet sich übrigens mehr oder minder deutlich auch noch bei anderen Crinoiden-Gattungen. Vielleicht dient dieselbe zur festeren Verbindung der Täfelchen unter einander, indem in den auf der Innenfläche des Kelches den Leisten entsprechenden Vertiefungen muskulöse Bänder lagen, welche quer über die Nähte der Täfelchen laufend, diese fester an einander schlossen. Nur die Leisten der Basalstücke unterliegen nicht diesem Gesetze. Hier gehen nach oben verlaufende Leisten von den fünf Ecken der fünfseitigen, der Säule unmittelbar aufruhenden unteren Fläche aus und setzen an den oberen Rändern der Basalstücke ohne Unterbrechung in Leisten der Parabasal-Stücke und des einzelnen zwischen geschobenen Stückes fort, welche nach dem Mittelpunkte dieser Täfelchen verlaufen. In diesen Leisten des Beckens liegen die Nähte von je zwei benachbarten Basalstücken. Uebrigens sind alle Leisten der Kelchtäfelchen gewöhnlich durch Kerben in mehr oder minder lang gezogene Granulationen getheilt und häufig erhebt sich die Mitte dieser Granulationen zu einem spitzen Höker. Die Deutlichkeit der Skulptur der ganzen Kelchoberfläche unterliegt ebenso wie die Wölbung der einzelnen Kelchtäfelchen bedeutenden Abweichungen bei den verschiedenen Individuen.

Von der Säule ist nur das obere Ende, welches an einem Exemplare in der Länge von 3 millim. in Verbindung mit dem unteren Ende des Kelches sich erhalten hat, bekannt. Dasselbe ist fünfkantig und besteht aus abwechselnd höheren und niedrigeren Säulengliedern. Der letztere Umstand ist freilich den meisten Gattungen gemeinsam, indem die Vermehrung der Säulenglieder und damit die Verlängerung der Säule bekanntlich, wie Joh. Müller namentlich auch bei dem lebenden *Pentacrinus caput-Medusae* nachgewiesen hat, durch Bildung neuer Säulenglieder zwischen je zwei vorhandenen in dem dem Kelche zunächst liegenden obersten Abschnitte der Säule geschieht. Die Skulptur der Gelenkflächen ist nicht ganz deutlich wahrzunehmen. Sie scheint in feinen senkrecht auf den Aussenrändern der Gelenkflächen stehenden kurzen Linien zu bestehen.

Nachdem so in dem Vorstehenden die Beschreibung des Crinoids gegeben worden ist, wird jetzt die Frage nach dessen Verwandtschaft mit anderen bekannten Formen entstehen. Bei dem Versuch der Beantwortung dieser Frage wird namentlich der Umstand zu berücksichtigen sein, dass an der Zusammensetzung des Kelches ausser den Basal- und Radialstücken auch Parabasal-Stücke Antheil nehmen. Die bekannteste Gattung mit Parabasal-Stücken ist *Poteriocrinus*. Allein zu dieser gehört das Fossil aus Tennessee entschieden nicht. Schon der Umstand, dass bei *Poteriocrinus* die freien Arme unmittelbar über den Radialstücken erster Ordnung beginnen, während bei unserem Fossil erst über den Radialstücken vierter Ordnung, ist durchaus unterscheidend. Auch die Zahl und Anordnung der Interradialstücke, deren bei *Poteriocrinus* nur auf einer Seite vorhanden sind, ist durchaus abweichend. Eben so wenig ergiebt sich eine generische Uebereinstimmung mit anderen Parabasalstücke führenden Gattungen. Namentlich ist auch nichts Analoges aus den gleichstehenden Silurischen Schichten des Staates New-York, so wie Englands und Schwedens bekannt. Es ist deshalb die Errichtung einer neuen Gattung *Lampterocrinus* nöthig geworden, deren Gattungscharakter sich in folgender Weise fassen lässt:

LAMPTEROCRINUS nov. gen.

Der nach oben erweiterte, birnförmige Kelch wird durch folgende Stücke zusammengesetzt. Fünf gleich grosse Basalstücke. Darüber fünf viel grössere Parabasal-Stücke. Eines derselben grösser und höher, als die vier anderen. Fünf Radial-

Stücke erster Ordnung, und über ihnen mit abnehmender Grösse Radialstücke zweiter und dritter Ordnung. Die noch kleineren Radialstücke vierter Ordnung oben ausgerandet und die durch das Abbrechen der Arme erzeugten Armlöcher umgebend. Zwischen den 5 Reihen von Radialstücken 5 Interradial-Felder, vier gleich grosse und ein unpaares grösseres. Jedes der vier gleichen, durch 6 Stücke gebildet, nämlich ein grosses zwischen zwei Radial-Stücke zweiter Ordnung eingeschobenes Interradial-Stück, darüber zwei kleinere und zuletzt drei noch kleinere, welche schon auf gleicher Höhe mit den Armlöchern stehen. Das einzelne unpaare grössere Interradial-Feld durch 8 Stücke gebildet, nämlich zu unterst das einzelne grössere Parabasal-Stück, darüber ein grosses achtseitiges durch die Radialstücke erster und zweiter Ordnung der beiden angrenzenden Reihen von Radialstücken seitlich begrenztes Stück und über diesem noch 6 kleinere Stücke.

Die Kelchdecke hoch gewölbt und durch sehr zahlreiche kleine Stücke in anscheinender Regellosigkeit zusammengesetzt. In der Mitte ein röhrenförmiger Fortsatz mit der einzigen in das Innere des Kelches führenden Oeffnung (Mund).

Die Skulptur der Kelchtäfelchen sehr ausgeprägt, aus Leisten bestehend, die vom Centrum der Täfelchen ausstrahlen.

Die Säule in ihrem oberen Theile durch flache fünfseitige Säulenglieder von abwechselnd grösserer und geringerer Höhe gebildet.

Die einzige bekannte Art der Gattung: *Lampterocrinus Tennesseensis.*

Vorkommen: Die Art ist nebst *Caryocrinus ornatus* das häufigste Crinoid unserer Fauna. Es liegen mehrere hundert Exemplare derselben vor, darunter mehrere ganz vollständige. Die meisten Exemplare sind verkieselt und von gelblicher Farbe. Bei den übrigen ist das Versteinerungsmittel Kalkspath und die Farbe ist weiss. Nur bei den letzteren sind in der Regel die Nähte der Kelchtäfelchen wahrzunehmen. Bei dem Umfange des zur Untersuchung vorliegenden Materials hat sich die ganze Zusammensetzung des Kelches, so wie sie hier im Vorstehenden beschrieben worden ist, mit völliger Sicherheit bestimmen lassen.

Erklärung der Abbildungen: Fig. 1a. Ansicht eines der grössten unter den vorliegende Exemplaren in natürlicher Grösse von der Seite und zwar gegen das unpaare breitere Interradial-Feld gesehen. Das oberste Ende der Säule ist in Verbindung mit dem Kelche erhalten. Fig. 1b. Ein kleines Exemplar in natürlicher Grösse von der Seite. Fig. 1c. Der aus den Basalstücken, den Parabasal-Stücken und dem einzelnen unpaaren Interradial-Stück erster Ordnung bestehende untere Theil des Kelches von unten gesehen. Der Verlauf der Näthe der Basalstücke auf den Leisten ist erkennbar. Das unpaare Interradial-Stück ist in der Zeichnung nach oben gewendet. Fig. 1d. Das Schema der Anordnung der Kelchtäfelchen. Das in dem Schema nach oben gerichtete Interradial-Feld ist das einzelne unpaare breitere, welches unten über den Basalstücken mit dem einzelnen grösseren der fünf Parabasal-Stücke beginnt. Die diesem grösseren Interradial-Felde zunächst stehenden Reihen von Radial-Stücken stehen nicht wie die drei übrigen Reihen gerade, sondern schief über dem Zwischenraume von zwei benachbarten Parabasal-Stücken und laufen mit der Hauptrichtung des grösseren Interradial-Feldes fast parallel.

SACCOCRINUS SPECIOSUS. Taf. III, Fig. 3a, 3b, 3c.

Saccocrinus speciosus J. Hall Palaeontology of New-York. Vol. II, p. 205, tab. XLVI, fig. 1a—n, fig. 2 (1852).

Der Kelch hoch, nach oben erweitert, kreiselförmig, zusammengesetzt aus zahlreichen Kränzen von Täfelchen. Zu unterst drei eine niedrige kreiselförmige Schale bildenden Basalstücke. Darüber fünf grosse symmetrisch sechsseitige Radial-Stücke erster Ordnung und ein einzelnes Interradial-Stück von gleicher Form. Die Täfelchen dieses Kranzes sind die grössten des ganzen Kelches und erheblich höher, als breit. Der untere Rand, mit welchem sie auf den Basalstücken stehen, ist fast geradlinig oder in sehr stumpfem Winkel gebrochen. Lässt man ihn als gerade gelten, so ist die Form der Täfelchen sechsseitig, im anderen Falle siebenseitig. Die beiden auf dem unteren Rande stehenden Seitenränder sind die längsten und divergiren nach oben. Weit über der Mitte der Höhe stossen sie im stumpfen Winkel mit den nur halb so langen oberen Seitenrändern zusammen. Diese convergiren ihrer Seits nach oben, werden aber, ehe sie sich vereinigen, durch den wagerechten oberen Rand, dessen Länge etwas mehr, als ein Drittel der grössten Breite der Stücke beträgt, abgeschnitten. Bei dem einzelnen Interradial-Stücke ist dieser obere Rand etwas kürzer, als bei den fünf Radialstücken.

Demnächst folgen fünf sechsseitige Radial-Stücke zweiter Ordnung und zwischen ihnen 6 Interradialstücke zweiter Ordnung. Die 5 Radialstücke sind unter sich gleich, von symmetrisch sechsseitiger Form und kleiner, so wie namentlich verhältnissmässig niedriger, als die Radialstücke erster Ordnung. Sie stehen gerade auf dem horizontalen oberen Rande dieser letzteren. Die sechs Interradial-Stücke sind ungleich. Fünf derselben sind fünfseitig und stehen über den Nähten der Radialstücke erster Ordnung und des einzelnen Interradial-Stücks. Sie reichen nicht bis zur Höhe des oberen Randes der Radialstücke zweiter Ordnung, sondern nur bis zu deren Seitenecken hinan. Das sechste Interradialstück ist sechsseitig und in seiner Form den Interradialstücken zweiter Ordnung ähnlich, jedoch kleiner und namentlich schmäler. Es steht auf dem horizontalen oberen Rande des einzelnen Interradialstücks erster Ordnung gerade so, wie die Radialstücke zweiter Ordnung auf die Radialstücke erster Ordnung aufgesetzt sind. Indem es seitlich von zwei der fünfseitigen Interradialstücke begrenzt wird, so stehen hier also schon drei Interradialstücke zwischen zwei benachbarten Reihen von Radialstücken. Als eine bemerkenswerthe Anomalie erscheint, dass zwei von den fünf Reihen von Radialstücken nicht durch ein Interradialstück zweiter Ordnung getrennt werden, sondern unmittelbar aneinander grenzen. Vielleicht ist es nur ein individuell abnormes Verhalten des den betreffenden Theil des Kelches zeigenden einzigen Exemplares.

Noch höher hinauf folgen nun die Radialstücke dritter Ordnung mit den dazwischen liegenden Interradialstücken. Die Radialstücke sind wiederum kleiner, als die vorhergehenden zweiter Ordnung und von fast regelmässig sechsseitiger Gestalt. Von den Interradialstücken gehören fünf dem unpaaren einzelnen Interradial-Felde des Kelches an, welches unten mit dem einzelnen zwischen die Radialstücke erster Ordnung eingeschobenen Interradialstücke beginnt. Die Anordnung ist hier so, dass ein mittleres grösseres und namentlich höheres Stück in seiner unteren Hälfte jeder Seits von zwei unregelmässig sechsseitigen kleineren Interradialstücken begrenzt wird. Auf den übrigen vier Interradial-Feldern des Kelches sind dagegen nur zwei neben einanderstehende Interradialstücke dieser Ordnung vorhanden.

Ueber den Radialstücken dritter Ordnung wird die Anordnung der Täfelchen bedenklich. Scheinbar sind auf die Radialstücke dritter Ordnung, Radialstücke vierter und fünfter Ordnung in einfach geradliniger Reihe aufgesetzt und erst die letzteren sind axillar. So hat es der Zeichner in Fig. 3c. dargestellt. Allein dann würden einzelne der Armbasen über Interradial-Feldern stehen und ausser Zusammenhang mit den Radial-Reihen sich befinden, was bei echten Crinoiden nicht vorkommt. Man hat vielmehr wohl die Radialstücke dritter Ordnung als axillar anzusehen, und zwar so, dass die eine der beiden aus der Theilung der Hauptreihe entstehenden Distichal-Reihen in derselben Richtung wie die Hauptreihe von Radial-Stücken angeordnet ist, die andere auf eine schräge Seite der Radialstücke dritter Ordnung aufgesetzt, schief gegen die betreffende Reihe von Radialstücken gerichtet ist. Jede dieser Reihen von Distichal-Stücken theilt sich dann nochmals und erst die jenseits dieser Theilung liegenden kleinen Stücke bilden die Armbasen, über welchen die Arme selbst abgebrochen sind. Im Ganzen sind acht solche Gruppen von Armbasen oder vorragenden Armstumpfen am oberen Umkreise des Kelches vorhanden. Die meisten derselben sind zweitheilig und zeigen zwei in das Innere des Kelches führende spaltförmige senkrechte Oeffnungen. Zwei aber und zwar diejenigen, welche über dem mit dem einzelnen Interradialstück erster Ordnung beginnenden breiteren Interradialfelde stehen, sind dreitheilig und zeigen drei in das Innere des Kelches führende Arm-Oeffnungen. Zugleich sind diese beiden Gruppen von Arm-Narben durch einen breiteren und tieferen Zwischenraum von einander getrennt, als je zwei andere Gruppen.

Die Kelchdecke oder die Scheitelbedeckung des Kelches ist convex und aus zahlreichen kleinen polygonalen Stücken zusammengesetzt. Etwas excentrisch und zwar dem einzelnen breiteren Interradial-Felde genähert, erhebt sich ein kleiner Kegel, welcher oben von der einzigen auf der Scheitelfläche vorhandenen in das Innere des Kelches führenden Oeffnung — dem Munde — durchbohrt ist. Die Oberfläche der kleinen, die Kelchdecke zusammensetzenden Stücke ist eben, aber fein und dicht gekörnelt. Alle übrigen, die Seiten des Kelches bildenden Täfelchen sind glatt.

Die vorstehende Beschreibung der Art ist fast ausschliesslich nach einem Exemplar des Kelches entworfen, welches zwar etwas von den Seiten zusammengedrückt, übrigens aber fast ganz vollständig und ringsum frei aus dem Gesteine gelöst ist. Ausserdem liegt ein Stück vor, an welchem nur die beiden unteren Täfelchen-Kränze des Kelches erhalten sind. Dasselbe ist besonders wichtig, weil es die Dreizahl der Basalstücke, die an dem ersten Exemplare nicht deutlich erkennbar ist, mit Sicherheit festzustellen erlaubt. Endlich sind auch noch zwei Exemplare der oberen Kelchhälfte mit den Armnarben und der Scheitelbedeckung vorhanden. Dieselben verhalten sich etwas verschieden von dem Haupt-Exemplare und es wäre möglich, dass sie einer anderen Art der Gattung angehören.

James Hall hat in seinem grossen Werke über die Palaeontologie des Staates New-York unter der Benennung *Saccocrinus speciosus* aus den Silurischen Schichten von Lockport im Staate New-York ein Crinoid beschrieben, von welchem ihm zwei unvollständige Kelche vorlagen. Obgleich die durch die Unvollkommenheit der Exemplare bedingte Unvollständigkeit der Beschreibung eine genaue Vergleichung nicht gestattet, so halte ich dennoch das Fossil aus Tennessee mit dieser New-Yorker Art nach Hall's Abbildung und Beschreibung für identisch. Der Gattungs-Charakter von *Saccocrinus*, wie er von Hall aufgestellt ist, bedarf dann freilich der Berichtigung und Vervollständigung. Um ganz sicher zu gehen, so wird hier die Aufstellung des Gattungs-Charakters lediglich nach den Exemplaren aus Tennessee erfolgen. Sollten dann spätere Beobachtungen dennoch die Verschiedenheit des New-Yorker Crinoids von demjenigen aus Tennessee erweisen, so wird der Gattungscharakter, wenn auch eine Namens-Aenderung nöthig würde, für das Letztere immer Gültigkeit behalten.

SACCOCRINUS Hall.

Der Kelch kreiselförmig, höher als breit. Drei eine niedrige Schale bildende Basal-Stücke. Darüber fünf grosse Radialstücke erster Ordnung und ein einzelnes gleich grosses Interradial-Stück von gleicher Grösse. Die Radialstücke zweiter Ordnung kleiner, sechsseitig. Die wiederum kleineren Radialstücke dritter Ordnung axillar. Distichal-Stücke erster, zweiter und dritter Ordnung. Diejenigen dritter Ordnung wieder axillar und die mehrfach sich theilenden freien Arme tragend. Zwischen den Reihen von Radialstücken Interradialstücke und zwar zwischen den Radialstücken zweiter Ordnung ein Interradialstück zweiter Ordnung, zwischen den Radial-Stücken dritter Ordnung zwei Interradial-Stücke dritter Ordnung. Das eine der fünf Interradial-Felder, und zwar das mit dem einzelnen Interradial-Stück erster Ordnung beginnende, breiter als jedes der vier anderen, und durch eine grössere Zahl von Interradial-Stücken gebildet, nämlich drei Interradial-Stücke zweiter Ordnung, fünf Radialstücke dritter Ordnung und mehrere Inter-Distichal-Stücke. Die Kelchdecke oder der Scheitel des Kelches durch zahlreiche unregelmässig polygonale kleine Stücke in anscheinend unbestimmter Zahl gebildet; auf derselben eine einzige in das Innere des Kelches führende Oeffnung — der Mund — auf einer Erhöhung etwas excentrisch, und zwar dem oberen Rande des einzelnen breiteren Interradial-Feldes genähert, gelegen.

Die Säule ......

Sucht man nach vorstehender Diagnose die Beziehung zu anderen bekannten Gattungen zu ermitteln, so weiset die allgemeine Anordnung der Kelchtäfelchen auf eine gewisse allgemeine Verwandtschaft mit der Gattung *Actinocrinus* hin. Wie bei dieser bekannten Gattung des Kohlenkalks sind drei Basalstücke und darüber unmittelbar fünf Reihen von Radialstücken vorhanden, welche durch Interradial-Stücke unbeweglich unter einander verbunden sind. Auch ist das Vorhandensein eines einzelnen breiteren, der Lage des Mundes entsprechenden Interradial-Feldes, welches schon mit einem zwischen die Radialstücke erster Ordnung eingeschobenen einzelnen Interradialstücke beginnt, beiden Gattungen gemeinsam. Allein bei näherer Vergleichung ergeben sich auch sehr bestimmte Unterschiede zwischen beiden. Zunächst ist das einzelne breitere Interradial-Feld bei *Saccocrinus* durch eine grössere Zahl von Stücken gebildet, als bei *Actinocrinus*, nämlich drei Interradial-Stücke zweiter Ordnung (zwei bei *Actinocrinus!*), fünf Interradialstücke (drei bei *Actinocrinus!*) und eine grössere Zahl von Interdistichal-Stücken. Ferner tragen bei unserer Gattung die axillaren Radialstücke dritter Ordnung erst je zwei Reihen von Distichal-Stücken und auf diesen stehen erst die durch Interdistichal-Stücke getrennten Gruppen von Arm-Narben. Bei *Actinocrinus* dagegen folgen über den Radialstücken erster Ordnung unmittelbar die die Arm-Narben bildenden Distichal-Stücke. Endlich ist auch der ganze Habitus des Kelches bei beiden Gattungen ein verschiedener. Während bei *Actinocrinus* der Kelch sphäroidisch und kaum höher als breit ist, so ist er dagegen bei *Saccocrinus* cylindroidisch und viel höher, als breit. Auch sind bei *Actinocrinus* die Kelch-Täfelchen im Verhältniss zur Grösse dicker und ihre Verbindung unter einander fester, als bei *Saccocrinus*. Zusammengedrückte Kelche von *Actinocrinus* finden sich daher selten, während bei *Saccocrinus* eine solche Verschiebung der Kelchtäfelchen durch Druck leicht erfolgt zu sein scheint.

Unter den aus gleichstehenden Silurischen Schichten Europa's beschriebenen Crinoiden könnte vielleicht der *Actinocrinites moniliformis* Miller (bei Phillips in Murchison's Sil. Syst. t. 18. f. 4) der für Austin der Typus seiner Gattung *Periechocrinus (P. costatus)* geworden ist, in die Verwandtschaft unserer Art gehören. Die nach einem unvollständigen Exemplare entworfene Abbildung und Beschreibung erlaubt jedoch nicht darüber mit Sicherheit zu urtheilen.

An dem einen von J. Hall abgebildeten Exemplare des *Saccocrinus speciosus* sind die Arme erhalten. Dieselben sind aus zwei mit einander alternirenden Reihen von Stücken zusammengesetzt und theilen sich mehrfach dichotomisch. Diese Theilung soll in eigenthümlicher, bei anderen Gattungen nicht gekannter Weise durch Einschieben von accessorischen Stücken zwischen den beiden Hauptreihen geschehen.

Die Säule soll in ihrem oberen Theile aus Gliedern von ungleicher Höhe und ungleichem Durchmesser zusammengesetzt sein, von denen diejenigen mit grösserem Durchmesser an ihrer Aussenseite kleine Knoten tragen. Dazu passt gut, was man an einem der Kelche aus Tennessee beobachtet. Hier ist nämlich, innig verwachsen mit dem unteren Ende der Basalstücke, das oberste Säulenglied erhalten, und dieses ist auf der Aussenseite mit zierlichen Knoten versehen.

Erklärung der Abbildungen: Fig. 3a. Das der Beschreibung der Art vorzugsweise zu Grunde liegende Exemplar in natürlicher Grösse von der Seite und zwar gegen das unpaare breitere Interradial-Feld, welches unten mit dem einzelnen zwischen die Radialstücke erster Ordnung eingeschoben ist, gesehen. Die normale Wölbung des etwas zusammengedrückten Exemplars ist in der Zeichnung wieder hergestellt. Fig. 3b. Dasselbe Exemplar von oben gegen die gewölbte Scheitelfläche mit der in das Innere des Kelches führenden Oeffnung gesehen. Fig. 3c. Schema der Anordnung der Kelchtäfelchen. Das einzelne unpaare breitere Interradial-Feld ist in der Zeichnung nach oben gerichtet. Durch den Zeichner sind irrthümlich den Stücken dieses Feldes auch die Distichal-Stücke der dem Felde zunächst stehenden Armstumpfen zugerechnet worden. Dieselben sind wohl richtiger, als den angrenzenden Reihen von Radialstücken zugehörig zu betrachten. Auch sonst ist die Anordnung der Stücke in den äussersten excentrischen Kreisen des Schema's nicht ohne Bedenken, während die Anordnung in den mehr centralen Theilen der Zeichnung unzweifelhaft richtig ist.

CYTOCRINUS LAEVIS[1]) nov. gen. et sp. Taf. IV, Fig. 2a—c.

Der Kelch kreiselförmig, am oberen Umfange fünfstrahlig durch das Vortreten der durch tiefe Zwischenräume getrennten Arm-Basen, und in folgender Weise aus einzelnen Täfelchen zusammengesetzt. Drei kleine Basalstücke, deren Nähte übrigens nur unsicher erkannt wurden, bilden ein ganz niedriges Becken. Darüber folgen fünf fünfseitige Radialstücke erster Ordnung, welche für sich allein (ohne alle Einschiebung von Interradial-Stücken!) den Kreis vollständig schliessen. Ueber diesen stehen fünf kleinere sechsseitige Interradial-Stücke zweiter Ordnung. Je zwei benachbarte von diesen haben ein Interradialstück zweiter Ordnung zwischen sich. Von diesen letzteren sind vier gleich, fast regelmässig sechsseitig und kleiner, als die Interradial-Stücke zweiter Ordnung, zwischen denen sie stehen. Das fünfte aber ist drei Mal so gross, als jedes der vier anderen und überhaupt das grösste Stück des ganzen Kelches. Es ist ebenfalls sechsseitig, aber höher als breit und überragt die beiden Radial-Stücke zweiter Ordnung, zwischen denen es eingeschlossen ist. Die Radial-Stücke dritter Ordnung sind axillar. Sie sind viel höher als breit und namentlich auch höher als die vorhergehenden Radialstücke zweiter Ordnung. Eine mittlere Quer-Depression könnte leicht zur irrthümlichen Annahme einer Naht an dieser Stelle Veranlassung geben. Ein jedes derselben trägt zwei kleine Distichal-Stücke und über diesen Stücken sind dann regelmässig die Arme abgebrochen. Interradial-Stücke dritter Ordnung stehen zwei zwischen je zwei benachbarten Radial-Stücken dritter Ordnung. Nur in demjenigen Interradial-Felde, welches durch die viel bedeutendere Grösse des Interradialstücks zweiter Ordnung ausgezeichnet ist, stehen über dem letzteren vier statt zwei solcher Interradialstücke. Dadurch werden die

[1]) Etymol. κύτος Becher, Urne.

Arme der dieses Interradial-Feld begrenzenden beiden Reihen von Radialstücken weiter auseinander gerückt, als je zwei andere benachbarte Arme.

Die noch höher hinauf zwischen den Armen folgenden Täfelchen sind schon der Kelchdecke zuzurechnen, wenigstens auf keine Weise von dieser letzteren geschieden. Die Kelchdecke selbst wird durch zahlreiche polygonale kleine Stücke, deren Grenzen jedoch an den vorliegenden Exemplaren nicht überall deutlich erkennbar sind, gebildet. Die Form ist fünfstrahlig, indem von dem erhöhten Mittelpunkte jochförmige Leisten zu den fünf Arm-Narben verlaufen und die Zwischenräume zwischen diesen vertieft sind. Entschieden excentrisch und zwar über dem unpaaren breiteren Interradial-Felde steht die einzige in das Innere des Kelches führende Oeffnung (Mund). Bei vollständiger Erhaltung scheint dieselbe mit schief nach oben gewendeter Richtung röhrenförmig ausgezogen zu sein. An dem vorliegenden Exemplare ist nur die durch ganz kleine Stückchen gebildete Basis der Mundröhre erhalten.

Die Oberflächen-Beschaffenheit der den Kelch zusammensetzenden Stücke betreffend, so ist an den vorliegenden Exemplaren keinerlei Skulptur wahrzunehmen, sondern die Oberfläche ist einfach glatt. Die meisten Stücke sind in der Mitte flach vertieft und gegen den oberen Rand hin erhoben. Von der Säule ist Nichts bekannt.

Sucht man nach der in dem Vorhergehenden dargelegten Zusammensetzung des Kelches die Gattung, zu welcher das Fossil gehört, zu bestimmen, so führt schon eine flüchtige Vergleichung auf eine nahe Verwandtschaft mit der Gattung *Actinocrinus*. Drei Basalstücke, Radialstücke erster, zweiter und dritter Ordnung, von denen diejenigen dritter Ordnung axillar sind, ein einzelnes unpaares breiteres Interradial-Feld, eine röhrenförmige Oeffnung auf dem Scheitel — alles sind Merkmale, welche auch der genannten Gattung des Kohlenkalks zukommen. Die excentrische Stellung des Mundes über dem einzelnen breiteren Interradial-Felde weiset dann noch näher auf die von *Actinocrinus* abgezweigte Gattung *Amphoracrinus* hin. Allein anderer Seits sind auch wieder sehr bestimmte Unterschiede vorhanden. Bei allen echten Actinocrinen und auch bei *Amphoracrinus* wird das einzelne unpaare breitere Interradial-Feld durch ein zwischen zwei Radialstücke erster Ordnung eingeschobenes Interradial-Stück erster Ordnung, ferner durch zwei kleinere Interradialstücke zweiter Ordnung und endlich durch drei Interradialstücke dritter Ordnung gebildet. Bei unserer Silurischen Art dagegen besteht der auf die Basalstücke zunächst folgende Kreis entschieden nur aus fünf Radialstücken ohne jedes zwischen geschobene Interradial-Stück. Statt der zwei Interradialstücke zweiter Ordnung bei *Actinocrinus* ist hier ferner nur ein grosses Interradialstück zweiter Ordnung und statt der drei Interradial-Stücke dritter Ordnung bei *Actinocrinus* sind hier deren vier vorhanden. Die Zusammensetzung der vier anderen Interradial-Felder ist wie bei *Actinocrinus*, indem jedes derselben aus einem Interradialstück zweiter Ordnung und zwei Interradialstücken dritter Ordnung besteht. Die angegebene entschieden abweichende Bildung des einzelnen breiteren Interradial-Feldes wird, zusammen mit einem eigenthümlichen Habitus der ganzen Kelchform, die generische Trennung der amerikanischen Art von *Actinocrinus* und *Amphoracrinus* und die Errichtung einer neuen

Gattung rechtfertigen. Die Selbstständigkeit der Gattung ist an sich um so wahrscheinlicher, als die Gattungen *Actinocrinus* und *Amphoracrinus* bisher nur auf den Kohlenkalk beschränkt sind und nicht einmal in den devonischen Schichten Vertreter haben. Immerhin ist aber doch die Verwandtschaft des neuen Geschlechtes mit den genannten Gattungen des Kohlenkalkes so gross, dass man es als den Silurischen Vorläufer von dieser ansehen und jedenfalls in dieselbe Familie oder Gruppe mit ihnen stellen muss. Als Gattungscharakter des neuen Geschlechts kann übrigens unmittelbar die vorhergehende Beschreibung der Art dienen.

Vorkommen: Im Ganzen liegen drei Exemplare aus Tennessee vor. Die Beschreibung ist vorzugsweise nach einem fast ganz vollständigen Exemplare entworfen. Dasselbe lässt nur etwa die Zahl der Basalstücke, den Verlauf der Nähte zwischen den Radialstücken dritter Ordnung und den Distichal-Stücken, so wie endlich die Form und Theilung der allerdings ganz fehlenden Arme ungewiss. Alle übrigen in der Beschreibung der Art angegebenen Merkmale sind mit Sicherheit an dem fraglichen Exemplare wahrzunehmen. Mehrere weniger gute, aber doch sicher bestimmtere Exemplare habe ich in den gleichstehenden Schichten von Beargrass-Creek unweit Louisville zugleich mit *Caryocrinus ornatus* gesammelt.

Erklärung der Abbildungen: Fig. 2a. Ansicht des vollständigsten und grössten der vorliegenden Exemplare in natürlicher Grösse von der Seite und zwar gegen das unpaare grössere Interradial-Feld gesehen. Die Basis der abgebrochenen Mundröhre ist über diesem grösseren Interradial-Felde zwischen zwei Armstümpfen sichtbar. In der dieses Interradial-Feld auf der linken Seite begrenzenden Reihe von Radialstücken sind über dem Radialstücke dritter Ordnung auch noch die Distichal-Stücke erhalten. Fig. 2b. Ansicht desselben Stückes in natürlicher Grösse von oben. Der Mund ist hier dem unteren Theile der Zeichnung genähert. Fig. 2c. Schema der Anordnung der Kelchtäfelchen. Das unpaare grössere Interradial-Feld ist in der Zeichnung nach oben gewendet. Ueber demselben ist auch die Lage des Mundes angedeutet.

EUCALYPTOCRINUS CAELATUS. Taf. IV, Fig. 3a—e.

Hypanthocrinites caelatus Hall Geology of New-York Vol. IV, 1843, p. 113, f. 1.
Eucalyptocrinus caelatus Hall Palaeontology of New-York Vol. II, 1852, p. 210, tab. XLVII, fig. 4a—e.

Von dieser Art liegen zahlreiche Exemplare der unteren Kelchhälfte in verschiedener Erhaltung und zwei kleinere Exemplare mit erhaltenen Armen vor. Der untere Theil des Kelches ist niedrig kreiselförmig und zeigt die der Gattung zukommende, so sehr eigenthümliche Zusammensetzung, wie sie durchaus vollständig und sicher zuerst durch Goldfuss an dem *Eucalyptocrinus rosaceus* der Eifel erkannt worden ist und wie sie neuerlichst durch De Koninck (Recherches sur les Crinoides du terr. carbonif. de la Belgique. pag. 74) schematisch dargestellt wurde[1]). Die Oberfläche der Kelchtäfelchen ist eben und erhebt sich nicht über die allgemeine

[1]) Vergl. auch meine Bemerkungen über die Gattung in *Lethaea geognostica* ed. 3, Th. II, p. 257 ff.

kreiselförmige Wölbung des Kelches. Die Skulptur der Oberfläche ist fein und zierlich. Sie besteht in zarten und scharfen von dem Mittelpunkt jedes Täfelchens sternförmig ausstrahlenden erhabenen Linien und dazwischen liegenden, nur undeutlich radial angeordneten, lang gezogenen Körnchen. Die ausstrahlenden Linien stehen senkrecht auf den Rändern der Täfelchen und verbinden sich über diese hinweg ohne Unterbrechung mit denen der angrenzenden Täfelchen, so dass die Nähte der Täfelchen dadurch schwer erkennbar werden. Die Skulptur ist nicht so fein, dass sie nicht, wenigstens an gut erhaltenen Exemplaren, mit blossem Auge deutlich erkennbar wäre.

Im Inneren der Kelchhöhlung, welche bei einigen Exemplaren deutlich erhalten ist, erhebt sich von der Mitte des Grundes, gleich dem kegelförmig erhobenen Boden einer Weinflasche, eine an der Spitze von einer rundlichen Oeffnung (d. i. der Mündung des Nahrungs-Kanals der Säule) durchbohrte fünfflächige Pyramide, mit gerundeten Kanten. Diese durch die nach Innen umgebogenen ersten Radialstücke gebildete Pyramide ist aber verhältnissmässig viel kleiner, als bei der typischen Art der Eifel, bei welcher sie fast bis zur Höhe des Ursprungs der Arme aufragt.

Die beiden Exemplare, an denen auch die Arme mit der Scheiteldecke erhalten sind, stimmen in der allgemeinen Form mit den durch J. Hall von der oberen Kelchhälfte des *E. decorus* gegebenen Abbildungen überein. Im Vergleich zu dem devonischen *E. rosaceus* ist besonders die Kleinheit der Scheiteldecke und der Mangel der an dem Umfange derselben stachelförmig vortretenden Fortsätze unterscheidend. Die die Mitte der Kelchdecke bildenden Stücke sind übrigens bei den vorliegenden Exemplaren eben so wenig wahrzunehmen, als sie Hall bei seinen Exemplaren des *E. decorus* erkannt zu haben scheint.

Manche Exemplare der unteren Kelchhälfte zeigen ein sehr auffallendes Ansehen, indem die Oberfläche mit unregelmässig zerstreuten, oft fast erbsen-grossen halbkugeligen Vertiefungen bedeckt ist. Diese Vertiefungen sind jedoch ganz unabhängig von der ursprünglichen Beschaffenheit der Oberfläche und sind augenscheinlich erst bei der Silifikation der Kelche entstanden. Es scheint, dass bei der Verkieselung diesen Höhlungen entsprechende Kerne von Kalkspath-Substanz übrig blieben, welche später als leichter zerstörbar durch die Verwitterung fortgeführt wurden und diese narbenförmigen Höhlungen zurückliessen. In der That kommen solche Vertiefungen auch nur bei den verkieselten, nicht bei den aus Kalkspath bestehenden Kelchen vor.

Die Art-Bestimmung betreffend, so bin ich in Betreff derselben keineswegs ganz sicher. Es sind durch Phillips, Hall, Lewis, Hisinger und M'Coy verschiedene Arten der Gattung aus Silurischen Schichten beschrieben worden[1]), welche aber rücksichtlich ihres gegenseitigen specifischen Verhaltens noch keineswegs mit der wünschenswerthen Genauigkeit untersucht worden sind, weil bisher wohl Niemand die für die Vergleichung nöthigen Materialien vereinigt hat. J. Hall beschreibt aus der „Niagara Group" des Staates New-York drei Arten *E. decorus*, *E. caelatus* und *E. papulosus*, welche sich lediglich durch die verschiedene Skulptur der Ober-

[1]) Vergl. Leth. geognostica a. a. O. p. 259, 260.

fläche unterscheiden sollen und bei denen die Möglichkeit der specifischen Identität durch den Autor selbst zugegeben wird. Ich selbst bin sehr geneigt diese Identität anzunehmen, indem die Skulptur der Oberfläche der Kelchtäfelchen bei den Crinoiden überhaupt sehr veränderlich ist und im Besonderen die mir vorliegenden Kelche der hier zu beschreibenden Art von *Eucalyptocrinus* aus Tennessee sich in dieser Beziehung sehr verschieden verhalten. Zugleich halte ich aber diese durch die Vereinigung der drei Hall'schen Species gebildete New-Yorker Art für verschieden von dem Englischen *E. decorus* (*Hypanthocrinus decorus* Phillips). Denn während bei der letzteren Art der Abbildung von Phillips zufolge der Scheitel zu einer durch zahlreiche dicke und gewölbte Stücke gebildeten Pyramide sich erhebt, so ist bei der New-Yorker Art die sehr kleine Scheitelfläche ganz flach. Auch die ganze Kelchform ist verschieden, — bei der Englischen Art fast cylindrisch, bei der Amerikanischen eiförmig. Die Identität der drei Hall-schen Arten und die Verschiedenheit von dem Englischen *E. decorus* vorausgesetzt, würde demnach der New-Yorker Art der Name der zweiten von Hall aufgeführten Art, *E. caelatus*, beizulegen sein. Dieselbe Benennung würde für die Art aus Tennessee gelten, denn an der Identität derselben mit der New-Yorker Art ist nicht wohl zu zweifeln.

Vorkommen: Die Art gehört zu den gewöhnlichsten Arten der Fauna. Es liegen gegen 40 grössere und kleinere Exemplare des Kelches vor. Die kleineren Exemplare sind meistens verhältnissmässig niedriger und flacher gewölbt, als die grösseren kreiselförmigen. Häufig finden sich auch die die Arm-Paare trennenden und die Kelchdecke tragenden breiten blattförmigen Stücke. Sie sind von ganz ähnlicher Form, wie diejenigen von *E. rosaceus*.

Obgleich zuerst nach einer devonischen Art der Eifel aufgestellt, ist die Gattung *Eucalyptocrinus* doch eine vorzugsweise Silurische. Denn während aus devonischen Schichten nur der einzige *E. rosaceus* der Eifel bekannt ist, so enthalten die Silurischen Gesteine deren eine ansehnliche Zahl. Denn ausser den schon erwähnten Arten von Phillips, Hisinger, Lewis und M'Coy beschriebenen Arten hat Angelin eine bedeutende Zahl neuer Arten auf der Insel Gotland aufgefunden, deren Beschreibung und Veröffentlichung von ihm vorbereitet wird. Zugleich werden demselben schwedischen Autor andere dort aufgefundene Arten Veranlassung zur Aufstellung neuer mit *Eucalyptocrinus* verwandten Gattungen geben, welche dann mit dem typischen Geschlecht die Familie der Eucalyptocriniden bilden werden.

Uebrigens gehören alle bisher aufgefundenen Silurischen *Eucalyptocrinus*-Arten genau demselben geognostischen Niveau und auch der gleichen Nordischen Facies der Silurischen Gruppe an. In Europa kennt man Arten der Gattung von der Insel Gotland, aus Norwegen und aus dem Englischen Wenlock-Kalke. In Norwegen hat Kierulf ein schönes vollständiges Exemplar des *Eucalyptocrinus decorus* in den obersten Kalkschichten der Insel Malmö bei Christiania aufgefunden.

Troost führt in der erwähnten Liste der Crinoiden von Tennessee 10 Arten des Geschlechtes *Eucalyptocrinus* auf. Ohne im Stande zu sein die Bedeutung jener Namen im Einzelnen zu bestimmen, kann ich doch nach Ansicht der Troost'schen Sammlung versichern, dass die meisten jener vermeintlichen Arten nur als Varietäten zu betrachten sind.

Erklärung der Abbildungen: Fig. 3a. Ansicht des Kelches in natürlicher Grösse von unten. Fig. 3b. Ansicht desselben nur bis zum Grunde der Arme erhaltenen Kelches in natürlicher Grösse von der Seite. Fig. 3c. Ansicht eines kleineren vollständigen Kelches in natürlicher Grösse von der Seite. Fig. 3d. Ein Kelchtäfelchen vergrössert, um die Skulptur der Oberfläche zu zeigen. Fig. 3e. Vergrösserte Ansicht eines Stückes von einem der 10 Doppelarme, um das Ineinandergreifen der kleinen Brachialstücke zu zeigen.

EUCALYPTOCRINUS RAMIFER n. sp. Taf. IV, Fig. 4a, 4b.

Der untere bis zum Grunde der Arme reichende Theil des Kelches glockenförmig und auf der Oberfläche mit Reifen verziert, welche die Kanten der fünf Seitenflächen des Kelches bildend sich am oberen und unteren Ende dichotomisch theilen und so kleine dreieckige Flächen begrenzen. Der Grund des Kelches ist tief eingesenkt und die Einsenkung wird durch einen hohen scharf leistenförmigen Rand in der Art fünfseitig begrenzt, dass die Ecken des Fünfecks den fünf Seitenflächen des Kelches entsprechen, die Seiten des Fünfecks aber die Basis der durch die Theilung der Reifen begrenzten Dreiecke bilden. In der Mitte der Vertiefung führt eine fünflappige Oeffnung in das Innere des Kelches.

Nur ein einziges verkieseltes Exemplar der unteren Kelchhälfte liegt vor, bei welchem durch die Verkieselung die ehemaligen Grenzen der Täfelchen völlig verwischt worden sind. Dennoch ist die Gattungsbestimmung eben so sicher, als die specifische Verschiedenheit von allen bekannten Arten der Gattung. Die Zugehörigkeit zu der Gattung *Eucalyptocrinus* wird besonders durch die allgemeine Form des Kelches und durch das so bezeichnende zapfenförmige Vorragen der Stücke, auf welche die die Arme trennenden und die Kelchdecke tragenden Leisten aufgesetzt sind, erwiesen. Uebrigens werden nur 5 solche zapfenförmige Verengungen am oberen Kelchrande bemerkt, während bei dem *E. caelatus* deren 10 vorhanden sind. Jeder der fünf Zapfen oder Zähne steht über der Mitte einer der fünf Seitenflächen des Kelches. Die specifische Eigenthümlichkeit der Art wird vorzugsweise durch die Skulptur der Oberfläche und durch die hohe leistenförmige Einfassung der Vertiefung an der Basis des Kelches begründet.

Erklärung der Abbildungen: Fig. 4a. Ansicht des vollständigsten der vorliegenden Exemplare in natürlicher Grösse von der Seite. Fig. 4b. Dasselbe von unten.

COCCOCRINUS BACCA n. sp. Taf. IV, Fig. 5a, 5b, 5c.

Der Kelch klein, halbkugelig, oben flach, am oberen Umfange durch Vorspringen der Arm-Narben fünfeckig, zusammengesetzt aus drei zu einer flachen Schale zusammengefügten Basal-Stücken, aus fünf subquadratischen, die Seitenflächen des Kelches vorzugsweise bildenden

Radial-Stücken erster Ordnung, aus fünf kleinen und schmalen, einer seichten mittleren Ausbuchtung der oberen Randes der Radialstücke erster Ordnung eingefügten Radialstücken zweiter Ordnung, welche durch eine in der Mitte getheilte Gelenkfläche sich als axillar darstellen, und endlich fünf fünfseitigen Interradial-Stücken, welche zwischen je zwei benachbarte Armbasen so eingefügt sind, dass sie nur zum Theil noch den Seitenflächen, zum grösseren Theile der oberen Fläche des Kelches angehören. Auf der letzteren fügt sich den Interradialstücken jeder Seits noch ein schmales Stück so an, dass Rinnen gebildet werden, welche von dem Mittelpunkte der Scheitelfläche zu den Armen verlaufen.

Es liegen drei Exemplare von fast gleicher Grösse und fast gleicher Vollständigkeit vor. Die Seitenflächen des Kelches sind vollkommen, dagegen die Scheiteldecke nur unvollständig erhalten. Die Zusammensetzung der unteren Hälfte des Kelches ist wie bei *Platycrinus*. Die drei innig mit einander verwachsenen und in ihren Grenzen an den vorliegenden Exemplaren nur schwer erkennbaren Basalstücke bilden mit den 5 Radialstücken eine rein kalbkugelige Wölbung, welche erst weiter oben durch die vortretenden Armnarben unterbrochen wird. Es sind entschieden nur 5 gleiche Radialstücke vorhanden ohne ein eingeschobenes Interradialstück, wie es bei den meisten devonischen Arten von *Platycrinus* vorkommt und für Austin Veranlassung zur Errichtung der Gattung *Hexacrinus* geworden ist. Die auf die leicht ausgebuchtete (nicht wie bei den typischen *Platycrinus*-Arten des Kohlenkalks tief ausgeschnittene!) Mitte des oberen Randes dieser Radialstücke erster Ordnung aufgesetzten Radialstücke zweiter Ordnung sind durch vielfach geringere Grösse gerade so wie bei den meisten Arten von *Platycrinus* von denjenigen erster Ordnung unterschieden. Ihre obere durch das Abbrechen der Arme sichtbar gewordene Gelenkfläche wird durch eine mittlere Leiste in zwei kleinere Gelenkflächen getheilt und so als axillar bezeichnet. Der gegen die Scheitelfläche gewendete Innenrand der Gelenkfläche zeigt einen mittleren Ausschnitt. Während diese die Arme tragenden Axillar-Radialstücke als fünf vorspringende Ecken am oberen Umfange des Kelches erscheinen, so sind dagegen die Zwischenräume zwischen diesen Armbasen eingedrückt. Dieselben werden durch die fünfseitigen Interradial-Stücke gebildet, welche in der Art schief geneigt sind, dass in der Seiten-Ansicht des Kelches nur ihr unterer Theil sichtbar ist, dagegen der grössere Theil schon der nur wenig gewölbten fast ebenen Kelchdecke angehört. den Seitenrändern dieser letzteren fügt sich jeder Seits ein schmales lineearisches Stück so an, dass es in der Länge das Interradialstück noch etwas überragt und dass je zwei benachbarte eine schmale offene Rinne zwischen sich lassen, welche auf der Ausrandung des Radialstückes zweiter Ordnung stehend anderer Seits gegen den Mittelpunkt des Scheitels verlaufen. Der gegen das Centrum gewendete Innenrand dieser kleinen Stücke ist übrigens an keinem der vorliegenden Exemplare vollständig erhalten.

Ich habe vor Jahren [1]) einen kleinen, kaum mehr als erbsengrossen Crinoiden-Kelch aus dem devonischen Kalke von Gerolstein in der Eifel unter der Benennung *Platycrinus ramosus* beschrie-

---

[1]) Rheinisches Uebergangsgebirge. Hannover 1844. p. 63, tab. III. fig. 3a, b, c.

ben. Später hat Joh. Müller[1]) Gelegenheit gehabt, die mir unbekannte Kelchdecke oder Scheitelfläche derselben Art zu beobachten und sich durch deren Eigenthümlichkeit zur Errichtung einer neuen Gattung *Coccocrinus* veranlasst gefunden. Während nämlich bei *Platycrinus* die Kelchdecke durch eine unbestimmte grössere Anzahl kleiner polygonaler Stücke gebildet wird, so besteht dieselbe bei dem Eifeler Fossil nur aus wenigen regelmässig angeordneten plattenförmigen Stücken. Auf dem oberen Rande der Interradialstücke stehen nämlich dreieckige klappenförmige Stücke, welche ihre Spitze gegen das Centrum der Scheiteldecke (den Mund) kehren und zwischen sich lineare Furchen lassen, die nach Aussen in den Ausschnitten der axillaren Radialstücken endigen. Die Zusammensetzung des übrigen Kelches ist mit derjenigen von *Platycrinus* übereinstimmend.

Obgleich nun der Scheitel der hier in Rede stehenden amerikanischen Art bei keinem der vorliegenden 3 Exemplare vollständig erhalten ist, so genügt doch das Vorhandene, um die Zugehörigkeit zu derselben Gattung *Coccocrinus* daraus zu entnehmen. Man sieht an die Interradial-Stücke jeder Seits ein schmales plattenförmiges Stück sich anlegen, welches bei *Platycrinus* nicht vorkommt, und wenn auch die fünf gegen das Centrum des Scheitels konvergirenden klappenartigen Täfelchen nicht erhalten sind, so lässt der gerade abgestutzte Innenrand der Interradial-Stücke doch auf das Vorhandensein von dergleichen Stücken schliessen. Die Auffindung vollständiger Exemplare wird gewiss diese Voraussetzung bestätigen. Wenn die schmalen, den Seiten der Interradialstücke sich anfügenden Stücke bei der Beschreibung des Eifeler Fossils nicht erwähnt werden, so sind sie wahrscheinlich wegen inniger Verwachsung mit den Interradialstücken nur übersehen worden. Die Natur der von den klappenförmigen Stücken begrenzten Furchen betreffend, so sind es wahrscheinlich nicht sowohl unmittelbar in die innere Höhlung des Kelches führende Spalten, als vielmehr schmale im Grunde geschlossene, von den Armen zum Munde führende Ambulakral-Rinnen, etwa denjenigen von *Stephanocrinus* vergleichbar.

Auf diese Weise begreift die Gattung *Coccocrinus* zwei Arten, eine Devonische und eine Silurische. Specifisch ist die letztere von der typischen Devonischen durch die an dem oberen Umfange des Kelches eckig vorspringenden Arm-Basen und durch die glatte Oberfläche der Kelchtäfelchen, welche bei der Rheinischen Art granulirt ist, leicht zu unterscheiden.

Erklärung der Abbildungen: Fig. 5a. Ansicht des Kelches in natürlicher Grösse von der Seite. Fig. 5b. Ansicht eines anderen Exemplars in natürlicher Grösse von unten. Der Zeichner hat irrthümlich die vorspringenden Ecken des Umfanges als zu den Radial-Stücken erster Ordnung gehörend gezeichnet, während sie in Wirklichkeit durch eine allerdings gewöhnlich nur

[1]) S. Bemerkungen über die Petrefacten der älteren devonischen Gebirge am Rheine, insbesondere über die in der Umgegend von Coblenz vorkommenden Arten von Zeiler und Wirtgen (Die in diesem Aufsatze enthaltenen Beschreibungen von Crinoiden rühren von Joh. Müller her!) in: Verhandlungen des naturhistorischen Vereins für Rheinland und Westphalen. Jahrg. XII. Bonn 1855, p. 20. tab. VII, fig. 5a, b, c.

schwer erkennbare Naht davon getrennt sind und durch die kleinen Radialstücke zweiter Ordnung gebildet werden. Fig. 5c. Ansicht desselben Exemplares von oben. Die an keinem der vorliegenden Stücke so vollständig erhaltenen Platten der Scheiteldecke sind in der Zeichnung ergänzt.

POTERIOCRINUS PISIFORMIS. Taf. IV, Fig. 7a—d.

Der allein erhaltene untere Theil des Kelches bis zu den Armen erbsengross, halbkugelig, zusammengesetzt aus fünf sehr kleinen Basalstücken, die zu einer fünfseitigen, kaum gewölbten Tafel sich vereinigen, darüber vier grössere vier- oder sechsseitige Parabasal-Stücke und über diesen fünf fünfseitige Radial-Stücke erster Ordnung und ein einzelnes Interradial-Stück. Der obere Rand der Radialstücke stellt in seiner ganzen Länge und nicht etwa nur in der Mitte eine Gelenk-Facette dar. Er hat eine Längsleiste und zwei damit parallele Furchen für die Articulation der über ihnen eingelenkt gewesenen, aber stets fehlenden Arme. Das einzelne Interradial-Stück ist weit schmaler, als jedes der fünf Radial-Stücke und ragt mit einem Fortsatze über den oberen Rand der Radial-Stücke hinaus. Die Dicke der Kelchtäfelchen ist verhältnissmässig sehr bedeutend. Die Anordnung der Kelchtäfelchen ist die für *Poteriocrinus* typische und die Zugehörigkeit der Art zu dieser Gattung ist daher unbedenklich. Die allgemeine halbkugelige Gestalt des Kelches weicht zwar von der gewöhnlichen verlängert kreiselförmigen oder spindelförmigen Kelchform der Poteriocrinen ab, doch ist sie nicht ohne Gleichen. Es giebt vielmehr auch einzelne andere Arten, bei welchen die Kelchform ganz niedrig ist, z. B. die von De Koninck in seinem lehrreichen Werke über die Crinoiden des belgischen Kohlenkalks beschriebenen Arten: *Pot. Phillipsianus* und *Pot. MCoyanus*. Eine nähere Uebereinstimmung der Merkmale findet jedoch mit keiner der bekannten Arten statt. Die geringe Grösse, die halbkugelige Kelchform, die Gestalt des einzelnen Interradial-Stücks und der Umstand, dass der obere Rand der Radialstücke seiner ganzen Länge nach eine Gelenk-Facette darstellt, werden die Art vorzugsweise bezeichnen. Uebrigens scheint es die einzige bisher aus Silurischen Schichten bekannt gewordene Art zu sein. Die von Austin als *Pot. radiatus* und *Pot. Dudleyensis* aus Silurischen Schichten beschriebenen Fossilien werden neuerlichst in der in Murchison's Siluria ed. 3. 1859, p. 532 ff. gegebenen tabellarischen Uebersicht der Silurischen Fossilien Englands zu der Gattung *Cyathocrinus* gestellt.

Vorkommen: Es liegen vier Exemplare von ziemlich gleicher Grösse vor. Das eine derselben, welches der Beschreibung und Abbildung vorzugsweise zu Grunde liegt, lässt alle Nähte der Kelchstücke mit vollkommener Deutlichkeit wahrnehmen. Der obere Theil des Kelches ist ebenso wie die Säule unbekannt geblieben.

Erklärung der Abbildungen: Fig. 7a. Ansicht des best erhaltenen der vorliegenden Exemplare in natürlicher Grösse von der Seite und zwar gegen das einzelne Interradial-Stück. Fig. 7b. Dasselbe Exemplar von unten. Fig. 7c. Dasselbe von oben. Fig. 7d. Schema der Anordnung der Kelchtäfelchen.

SYNBATHOCRINUS TENNESSEENSIS n. sp. Taf. IV, Fig. 6a, 6b.

Der allein erhaltene, bis zur Artikulation der Arme reichende untere Theil des Kelches ist niedrig kreiselförmig und breitet sich nach oben flacher aus. Die Basis ist kreisrund und in der Mitte vertieft für die Aufnahme des oberen Säulenendes. Der obere Umfang ist regelmässig fünfseitig. Jede der fünf Seiten stellt oben in ihrer ganzen Länge eine durch eine mittlere Längsfurche und damit parallele Leisten gebildete Gelenkfläche für die Artikulation der Arme dar. Vor jedem der fünf Winkel des oberen fünfseitigen Kelchumfanges steht ein dreiseitiger, über das Niveau der Gelenkflächen hinausragender Höcker. Die Oberfläche des Kelches ist glatt und lässt keine besondere Skulptur wahrnehmen.

Die Gattung *Synbathocrinus* ist durch Phillips für ein Fossil des englischen Kohlenkalks (*Synb. conicus*) errichtet worden. Nach ihm soll der Kelch aus einer ungetheilten Basis bestehen, auf welche fünf unmittelbar aneinander stossende Radialstücke aufgesetzt sind, deren oberer Rand der ganzen Länge nach eine Artikulations-Fläche darstellt. Ebenso haben die beiden Austin (Crinoiden p. 93, t. 11, fig. 5) die Gattung begrenzt. Später hat D. D. Owen (Report of a geol. servey of Wisconsin etc. p. 597, tab. VB. fig. 7), indem er eine zweite Art *Synb. dentatus* aus dem Kohlenkalke von Burlington in Jowa beschreibt, die Zusammensetzung der angeblich ungetheilten Basis aus drei Basalstücken richtig bestimmt. Demnächst hat Joh. Müller (Verh. des Naturh. Ver. der Pr. Rheinl. und Westph. XII, p. 19, t. VI, fig. 4, 5) nachgewiesen, dass ein von Goldfuss unter der Benennung *Platycrinus tabulatus* beschriebenes Fossil aus dem devonischen Kalke der Eifel zu *Synbathocrinus* gehört. Endlich hat neuerlichst J. Hall (Report on the geol. Surv. of the State of Jowa. Vol. I, Part. II, Palaeontology 1858, p. 483, 560) nicht nur zwei neue Arten der Gattung, näml. *Synb. matutinus* aus devonischen Schichten von New-Buffalo in Jowa und *Synb. Wortheni* aus dem Kohlenkalk von Jowa und Illinois kennen gelehrt, sondern auch die Kenntniss der Gattung durch die Beschreibung der bisher unbekannten Arme vervollständigt. Die letzteren sollen aus einer einfachen (oder doppelten?) Reihe von Armstücken zusammengesetzt sein und sehr langsam nach oben zu dünner werden.

Durch die Beschreibung der gegenwärtigen Art kommt nun zu den bekannten zwei devonischen und drei Kohlenkalk-Arten noch eine sechste Art und zwar aus Silurischen Schichten hinzu. Obgleich sich die Nähte der Kelchtäfelchen an den vorliegenden Stücken nicht erkennen liessen, so bleibt bei der Uebereinstimmung der übrigen Merkmale kein Zweifel an der Zugehörigkeit zu der Gattung. Als specifisch bezeichnend werden für die Art besonders die dreiseitigen Tuberkel in den Winkeln des fünfseitigen oberen Kelchrandes gelten müssen. Ueber die Bedeutung dieser Höcker geben Exemplare einer im Kohlenkalk von White creek-Springs bei Nashville vorkommenden Art Aufklärung. Bei diesen sind nämlich ähnliche, doch nicht so hohe Erhebungen in den Winkeln des oberen Kelchrandes vorhanden, welche durch Aufwärtsbringen der horizontalen Ausbreitungen von je zwei in einer Nath zusammenstossenden Radial-Stücken entstehen. In der gleichen Weise müssen die Höcker auch bei der Silurischen Art gebildet sein.

Vorkommen: Es liegen drei bis auf den Grund der Arme erhaltene Exemplare von nahezu gleicher Grösse vor.

Erklärung der Abbildungen: Fig. 6a. Ansicht des vollständigsten der vorliegenden Exemplare in natürlicher Grösse von der Seite. Fig. 6b. Dasselbe von oben. Die Höcker erscheinen in der Zeichnung durch eine Naht getheilt, was an den Exemplaren selbst nicht deutlich erkannt wurde.

CYSTOCRINUS TENNESSEENSIS. Taf. IV, Fig. 8a—d.

Unter dieser provisorischen Benennung werden hier Säulenstücke von Crinoiden aufgeführt deren auffallendstes äusseres Merkmal darin besteht, dass sie auf der Oberfläche mit blasenförmigen Höckern besetzt sind. Die Blasen sind rund, halbkugelig und auf der Spitze von einer Oeffnung durchbohrt, welche gewöhnlich nur klein und kaum ¼ von dem Durchmesser der Blase misst, zuweilen jedoch bis zum halben Durchmesser und mehr sich erweitert. Einzelne wenige und kleinere Blasen sind ganz geschlossen und einfach halbkugelig gewölbt. Es scheint, dass alle Blasen im Anfange geschlossen sind, dann sich öffnen, und noch später die Oeffnungen sich erweitern. Die Stellung der blasenförmigen Höcker ist ganz unregelmässig. Zuweilen bedecken sie dicht gedrängt, mit nur einzelnen kleineren Zwischenräumen die ganze Oberfläche der Säule, oder nur die eine Längshälfte der Säule ist damit besetzt, während die andere fast frei davon bleibt, oder endlich sie stehen zweireihig an zwei gegenüberstehenden Seiten der Säule und zwar zu zwei oder drei neben einander. In dem letzten Falle, in welchem die Blasen zugleich cylindroidisch sich verlängern, erhält die ganze Säule eine eigenthümliche zusammengedrückte im Querschnitt rektanguläre Gestalt.

Die Säule selbst, ohne die blasenförmigen Anhänge ist gerundet fünfseitig, mit fünflappigem Nahrungs-Kanal und mit dicht gedrängten, sehr feinen radialen Linien auf den Gelenkflächen bedeckt. Die Nähte der einzelnen Säulenstücke kann man nur an den Stellen der Aussenfläche der Säule wahrnehmen, an denen die blasenförmigen Höcker fehlen. Hier sieht man, dass die Säulenstücke niedrig und fast von gleicher Höhe sind. Die Nähte sind darum aber dennoch nicht einfache, gerade und unter sich parallele Linien, sondern vor jedem der blasenförmigen Höcker biegen sie nach oben oder unten ab. Keiner der Höcker wird durch eine Naht der Säulenglieder durchschnitten, sondern jeder Höcker gehört ganz zu einem Säulenstücke. Man könnte geneigt sein, die Höcker als Rudimente von Ranken *(cirri)* anzusehen. Allein dann müssten sie selbstständige, von den Säulengliedern getrennte Stücke sein. Man wird sie demnach lediglich als blasenförmige Auftreibungen der Säulen-Oberfläche zu betrachten haben.

Aus den gleichstehenden Schichten (Niagara Group) des Staates New-York ist nichts Aehnliches bekannt. Dagegen scheinen die in Silurischen Schichten der Insel Gotland häufigen Säulenstücke, welche Hisinger (Leth. Suecica tab. XXV, fig. 3) unter der Benennung *Cyathocrinus rugosus* beschreibt, durch ähnliche, aber freilich viel weniger blasenförmig aufgetriebene

Höcker einige Verwandtschaft mit unserer Art zu haben, um so mehr, da auch die Skulptur der Gelenkflächen und die Form des Nahrungs-Kanals übereinstimmt. Was für ein Kelch zu diesen Säulenstücken von Gotland gehört, ist ebenso unbekannt, wie bei den vorstehend beschriebenen Säulenstücken aus Tennessee. Sicher gehören sie nicht, wie Hisinger meint, zu *Cyathocrinus*.

Erklärung der Abbildungen: Fig. 8a. Ansicht eines Säulenabschnittes in natürlicher Grösse von der Seite. Fig. 8b. Dasselbe von oben gegen eine Gelenkfläche gesehen. Fig. 8c. Ansicht eines Säulenabschnittes mit zweizeiliger Anordnung der blasenförmigen Tuberkel. Fig. 8d. Ansicht eines Exemplares mit zweizeiliger Anordnung der Tuberkel von oben gegen eine Gelenkfläche gesehen. Die Tuberkel sind hier cylindroidisch verlängert.

1. Säulenstücke von nicht näher bestimmbarer Gattung. Taf. IV. Fig. 9a, 9b.

Cylindrische, leicht gekrümmte und auf der convexen Seite der Krümmung mit einzelnen zerstreuten Ranken-Narben besetzte Säulenstücke, welche aus niedrigen, auf den Gelenkflächen fein gestrahlten und von einem grossen fünflappigen Nahrungs-Kanale durchbohrten Säulengliedern zusammengesetzt sind.

Es liegen vier, 1—2½ Zoll lange Stücke vor. Bei zwei derselben bilden einige der Ranken-Narben halbe Wirtel, d. i. sie stehen zu zwei oder drei auf derselben Höhe und gehören demselben Säulengliede an. Welcher Art die Kelche sind, zu denen diese Säulenstücke gehören, ist durchaus unbekannt. Die fein gestrahlte Skulptur der Gelenkflächen und der fünflappige Nahrungs-Kanal weisen auf eine Verwandtschaft mit den unter der Benennung *Cyathocrinus rugosus* von Hisinger (Leth. Suec. tab. XXV. f. 3) beschriebenen Säulenstücken der Insel Gotland hin.

Erklärung der Abbildungen: Fig. 9a. Ansicht des am besten erhaltenen der vorliegenden Stücke in natürlicher Grösse von der Seite. Fig. 9b. Ansicht der Gelenkfläche an dem einen Ende desselben Stückes.

2. Säulenstücke von nicht näher bestimmbarer Gattung. Taf. IV, Fig. 10a, 10b, 11a, 11b, 11c.

Vollkommen walzenrunde, gerade Säulenstücke ohne Ranken, die aus niedrigen, sehr fein gestrahlten, mit einem runden oder undeutlich fünflappigen Nahrungs-Kanale durchbohrten Gliedern zusammengesetzt sind. Aussen sind die Glieder entweder ganz gleichmässig flach gewölbt oder die abwechselnden Glieder treten etwas stärker vor und geben der Säule ein undeutlich geringeltes Ansehen.

Die fein radiale Skulptur der Gelenkflächen ist derjenigen der vorhergehenden Säulenstücke so ähnlich, dass sie möglicher Weise als Abschnitte von verschiedenen Theilen der Säule derselben Art angehören könnten. Es liegen mehrere bis zwei Zoll lange Stücke der Art vor.

Zu eben dieser Art scheinen nach der walzenrunden Form und der gleichen fein gestrahlten

Skulptur der Gelenkflächen gewisse Säulenstücke zu gehören, welche von dünneren Säulenstücken in spiralförmiger Krümmung umschlungen sind. Die umschlingenden Säulenstücke liegen nicht blos auf der äusseren Oberfläche der umschlungenen, sondern sind zum Theil tief in die Masse der letzteren eingedrückt, ganz so wie Schlinggewächse z. B. *Lonicera caprifolium* oft tief in die jungen Stämme der Bäume eingedrückt erscheinen, an denen sie sich spiralförmig emporranken. Offenbar ist auch in beiden Fällen der Ursprung der Einsenkung ganz analog. Das anfänglich nur der äusseren Oberfläche des umschlungenen Stammes anliegende Schlinggewächs erscheint später in die Substanz desselben eingedrückt, indem der Stamm nach der geschehenen Umschlingung an Umfang noch zugenommen hat. Ebenso muss hier der umschlungene Crinoiden-Stiel an Umfang noch zugenommen haben, nachdem die umschlingende kleinere Säule sich der Oberfläche angelegt hatte: denn an ein Eindrücken durch eine einschnürende Kraft des umschlingenden Säulenstückes ist bei der Festigkeit der Substanz der Crinoiden-Stiele im lebenden Zustande und bei der Abwesenheit aller willkürlichen muskularen Beweglichkeit in denselben nicht zu denken. Der Zweck der Umschlingung kann wohl auch nur derselbe wie bei den Rankengewächsen gewesen sein, nämlich der bei der aufwärts gerichteten Wachsthums-Tendenz an der kräftigeren Säule eine Stütze zu haben. Ob die dünneren umschlingenden derselben Art wie die umschlungenen stärkeren angehören, ist nicht ganz sicher, doch steht Nichts entgegen, sie als jüngere Individuen der letzteren anzusehen.

Es liegen fünf Exemplare solcher umrankter Säulenstücke vor. Das eine derselbe wird sogar von zwei fast parallel laufenden kleineren Stielen spiral umrankt.

Erklärung der Abbildungen: Fig. 10a. Ansicht des grössten der vorliegenden Säulenabschnitte dieser Art in natürlicher Grösse von der Seite. Fig. 10b. Ansicht einer Gelenkfläche desselben Stückes. Fig. 11a. Ein Säulenabschnitt, welcher von einem dünneren spiralförmig umschlungen und eingeschnürt ist, in natürlicher Grösse von der Seite. Fig. 11b. Ein ähnliches kleineres Stück. Das umschlingende Stück läuft nach unten in ein dünnes Ende aus, als ob es hier seinen Anfang habe. Von dem oberen Ende ist die Gelenkfläche zum Theile sichtbar. Fig. 11c. Zwei aneinander liegende Säulenstücke werden von einem dritten spiralförmig umschlungen.

3. Säulenstücke von nicht näher bestimmbarer Gattung. Taf. IV, Fig. 12a—c.

Leicht gekrümmte, mit regelmässigen, scharf vortretenden Ringwülsten auf der Oberfläche gezierte, walzenrunde Säulenstücke mit fein radial-gestreiften Gelenkflächen und rundem oder undeutlich fünflappigem Nahrungs-Kanal. Die nur bei scharfer Prüfung erkennbaren, fein zickzackförmig gekerbten Nähte der einzelnen Säulenglieder zeigen, dass immer drei derselben zwischen zwei ringförmig vortretenden liegen.

Die Säule von *Lyriocrinus dactylus* Hall (Palaeontol. of New-York. Vol. II, Pl. 44, fig. 1b) und ein nicht näher bestimmtes Säulenstück (ibid. fig. 5a, b) sind jedenfalls der hier beschriebenen ähnlich.

Erklärung der Abbildungen: Fig. 12a. Ein Säulenabschnitt dieser Art in natürlicher Grösse von der Seite. Fig. 12b. Eine Gelenkfläche desselben Stückes. Fig. 12c. Ein Theil desselben Stückes vergrössert.

4. Säulenstücke von nicht näher bestimmbarer Gattung. Taf. IV, Fig. 13a, 13b.

Walzenrunde, auf der Oberfläche mit genäherten, aus perlschnurförmig aneinander gereihten Höckern bestehenden Ringen gezierte Säulenstücke, welche auf den Gelenkflächen grob radial gestreift und von einem weiten fünflappigen Nahrungs-Kanale durchbohrt sind.

Zwischen je zwei der ringförmig vortretenden Glieder liegt ein niedrigeres und auf der Oberfläche glattes Stück.

Es liegen nur zwei Stücke von fast gleichem Durchmesser vor.

Erklärung der Abbildungen: Fig. 13a. Ein Säulenabschnitt dieser Art in natürlicher Grösse von der Seite. Fig. 13b. Ansicht der Gelenkfläche an dem Ende desselben Stückes.

5. Säulenstücke von nicht näher bestimmbarer Gattung. Taf. IV, Fig. 14a, 14b.

Walzenrunde, aus ziemlich hohen, aussen flach gewölbten Säulengliedern zusammengesetzte Säulenstücke mit fünflappigem Nahrungs-Kanale und grobstrahliger Skulptur der Gelenkflächen.

Nur ein einzelnes etwa 1 Zoll langes Stück liegt vor.

Erklärung der Abbildungen: Fig. 14a. Ansicht des Stückes von der Seite. Fig. 14b. Ansicht der Gelenkfläche am dickeren Ende des Stückes.

C. BLASTOIDEA.

PENTATREMATITES REINWARDTII. Taf. III, Fig. 2a—c.

Pentremites Reinwardtii Troost in: Transact. of the geol. soc. of Pensylvania Vol. I. Part II, p. 224 ff. tab. X.; Idem in: Sixth geol. Report on the state of Tennessee. Nashville 1841, p. 14.

Pentatrematites Reinwardtii Ferd. Roemer in: Leonh. und Bronn's Jahrb. 1848, p. 296; Idem in: Monographie der fossilen Crinoiden-Familie der Blastoideen und der Gattung Pentatrematites im Besonderen. (Archiv für Naturgesch. Jahr. XVII, Bd. I.) Berlin 1851, p. 373, t. III, f. 12a, b, c.

Kelch keulenförmig, durch fünf ebene Seitenflächen begrenzt und oben mit einer fünfflächigen Pyramide endigend, deren Kanten die schmalen linearischen, wenig vertieften Pseudambulacral-Felder einnehmen. Die drei Basalstücke reichen bis zum ersten Drittel der ganzen Länge des Kelches und bilden das dreikantige stielförmige untere Ende desselben. Die darauf folgenden fünf Gabelstücke sind sehr hoch und schmal und reichen bis zur Spitze des Scheitels. Die Deltoidstücke müssen, wenn überhaupt vorhanden, äusserst klein sein und auf der obersten Spitze des Scheitels versteckt liegen.

In der früher von mir gegebenen Beschreibung und Abbildung der Art wurden Deltoidstücke von ziemlich bedeutender Grösse, die Spitzen der dreieckigen Flächen zwischen den Pseudambulacral-Feldern bildend, angegeben, jedoch bemerkt, dass die Grenzen dieser Deltoid-Stücke gegen die Gabelstücke selten deutlich wahrzunehmen seien und dass es oft den Anschein habe, als seien die Zwischenräume zwischen zwei Pseudambulacral-Feldern durch eine Naht bis zur Spitze getheilt. Eine erneuerte sorgfältige Prüfung hat mich überzeugt, dass in der That die seitlichen Nähte der Gabelstücke stets bis zur Spitze des Scheitels verlaufen und Deltoid-Stücke von der früher angenommenen Grösse und Lage also nicht vorhanden sind. Es sind lediglich Sprünge in der späthigen Versteinerungsmasse, welche für die unteren Nähte der vermeintlichen Deltoid-Stücke gehalten wurden.

Die Scheitel-Oeffnungen des Kelches sind jedenfalls sehr klein, denn die Pseudambulacral-Felder stossen oben auf der Spitze des Scheitels, ohne einen Zwischenraum zu lassen, zusammen. Scharf begrenzt habe ich selbst die centrale Oeffnung bei keinem der zahlreichen vorliegenden Exemplare zu unterscheiden vermocht. Die bei *Pentatrematites* regelmässig vorhandenen fünf excentrischen Scheitel-Oeffnungen betreffend, so glaube ich gegenwärtig, dass sie dieser Art ganz fehlen. In jedem Falle könnten sie nur äusserst schmal und spaltenförmig sein.

Die Pseudambulacral-Felder werden durch die beiden in der Mitte der Felder unmittelbar in einer Längs-Naht zusammenstossenden beiden Längsreihen von Porenstücken gebildet. Die Lanzettstücke sind durch die Porenstücke ganz verdeckt und kommen erst, wenn diese letzteren ausgefallen sind, als dachförmig zugeschärfte Leisten zum Vorschein. Die Zahl der Porenstücke ist bei den kleineren Exemplaren geringer, als bei den grösseren und hat sich also mit dem Alter vermehrt. Fallen alle die Pseudambulacral-Felder zusammensetzenden Stücke aus, so kommen im Grunde der Rinne ganz ähnliche Längs-Lamellen wie bei den typischen Arten der Gattung zum Vorschein.

Vorkommen: Häufig an dem eine Englische Meile westlich von dem Eisenwerke Brownsport gelegenen Mound glade, zusammen mit *Caryocrinus ornatus, Orthis elegantula, Calceola Tennesseensis* u. s. w. Mehrere hundert Exemplare wurden dort von mir gesammelt. Bei allen ist die Versteinerungsmasse der Kelchtäfelchen weisser späthiger Kalk. Die gewöhnliche Länge der Exemplare ist 20 Millimeter. Nur ausnahmsweise steigt sie bis 36 Millimeter. Meistens ist das durch die Basalstücke gebildete untere Ende des Kelches abgebrochen.

Die Art ist die einzige bisher aus Silurischen Schichten bekannt gewordene Art der Gattung. Sie ist von allen Arten des Kohlenkalks durch einen eigenthümlichen Habitus unterschieden und es wäre leicht möglich, dass in der Folge solche Unterschiede hervortreten, durch welche eine generische Trennung von *Pentatrematites* nöthig würde. Namentlich könnte die Bildung der Scheitelöffnungen und der Deltoid-Stücke vielleicht dazu Veranlassung geben.

Die Art gehört übrigens zu den der Fauna von Tennessee durchaus eigenthümlichen. Weder aus den gleichstehenden Schichten des Staates New-York, noch aus denjenigen Europa's ist sie, oder eine analoge Art bekannt. James Hall hat jedoch neuerlichst in dem: Report on the geological Survey of the State of Jowa Vol. I, Part II: Palaeontology 1858 p. 485 unter der Benennung *Pentremites subtruncatus* eine neue Art aus devonischen Schichten von New-Buffalo im Staate Jowa beschrieben, welche dem *P. Reinwardtii* nahe stehen soll.

Erklärung der Abbildungen: Fig. 2a stellt ein ungewöhnlich grosses Exemplar in natürlicher Grösse von der Seite dar. Fig. 2b. Vergrösserte Ansicht eines Pseudambulacral-Feldes. Der Zeichner hat ausser den Porenstücken auch Supplementär-Porenstücke angegeben, allein obgleich es bei manchen Exemplaren den Anschein hat, als seien hier und dort zwischen zwei Porenstücke dergleichen kleine Stücke eingefügt, so sind sie doch in keinem Falle in der von dem Zeichner angegebenen Regelmässigkeit vorhanden. Fig. 2c. Ansicht eines Exemplars der gewöhnlichen Grösse von der Seite.

V. MOLLUSCA.

A. BRACHIOPODA.

1. ORTHIS ELEGANTULA. Taf. V, Fig. 7a, 7b.

Orthis elegantula Dalman Terebratuliter 33, t. 2, f. 6;
— — E. de Verneuil Note sur le parallelisme des dépots paléozoiques de l'Amerique septentrionale avec ceux de l'Europe i. Bullet. soc. geol. de Fr. 2ème Ser., t. IV, p. 58.
— — Hall Palaeontol of New-York II, 252 t. 52, f. 3.
Orthis canalis Sowerby i. Murchison's Silur. Syst. 630, t. 80, f. 2, t. 13, f. 12a.

Die vor mir liegenden Exemplare stimmen in jeder Beziehung mit solchen von Gotland, von Dudley und von Lockport im Staate New-York überein. Die meisten sind jedoch kleiner, als die gewöhnlich in europäischen Sammlungen verbreiteten, schön erhaltenen Exemplare von Djupviken auf Gotland und selten sind sie mehr als 11 Millim. breit. Ein einzelnes Exemplar kommt jedoch auch völlig dieser grösseren Gotländischen Form gleich. In Betreff der Feinheit der ausstrahlenden Falten zeigt sich bei den Exemplaren eine eben so grosse Verschiedenheit, als bei den Europäischen. Zuweilen werden sie haarförmig dünn, so dass sie kaum noch dem blossen Auge erkennbar sind.

Als eine ziemlich constante Varietät ist eine Form mit solchen sehr feinen Falten zu unterscheiden, bei welcher die ganze Schale mehr aufgebläht und namentlich auch die sonst bei der typischen Form ganz flache kleinere Klappe gewölbt ist, zugleich aber gegen die Stirn hin sich umbiegt und mit einem nach oben gewendeten breiten und flachen Bogen in die grössere Klappe hineingreift.

Vorkommen: Es liegen zahlreiche wohl erhaltene Exemplare vor. Schon E. de Verneuil nennt „Perry County“ d. i. die frühere Bezeichnung für den Distrikt unserer Fauna als einen Fundort der Art.

Erklärung der Abbildungen: Fig. 7a. stellt ein ungewöhnlich grosses Exemplar in natürlicher Grösse gegen die stärker gewölbte Klappe gesehen dar. Fig. 7b. Dasselbe von der Seite.

2. ORTHIS HYBRIDA. Taf. V, Fig. 6a, 6b, 6c.

Orthis hybrida Sowerby l. Murchison's Silur. Syst. 630 t. 13, f. 11.

— — Davidson Mémoire sur les Brachiopodes du système Silurien supér. d'Angleterre. Extrait du Bullet. soc. geol. de France 2ème Serie, t. V, 315, t. 3, f. 22. (1848).

— — E. de Verneuil Note sur le parall. des dépots palaeoz. de l'Amerique etc. 58.

— — Hall Palaeontology of New-York II, 253 t. 52, f. 4.

Die gewöhnliche etwa 10 millim. breite Form stimmt ganz mit englischen und schwedischen Exemplaren dieser durch fast gleich starke mässige Wölbung der beiden Klappen, fast kreisrundem Umriss und feine radiale Streifung der Oberfläche vorzugsweise bezeichneten Art überein. Ausserdem findet sich jedoch eine viel grössere Form, deren Dimensionen so sehr viel bedeutender sind, dass man auf den ersten Blick eine verschiedene Art vor sich zu haben glaubt, während sie doch in der That durch Zwischenstufen mit der kleineren Form vollständig verbunden ist und auch an den grossen Exemplaren selbst der durch die älteren Anwachsstreifen begrenzte Theil der Schale durchaus mit der kleineren Form übereinstimmt. Diese grössere, bis 24 Millim. breite Form ist der *Orthis Michelini* des Kohlenkalks zum Verwechseln ähnlich. Indem ich vor mir liegende Exemplare der letzteren Art von Tournay mit der amerikanischen Art vergleiche, so erkenne ich fast keine anderen Unterschiede, als dass bei *Orthis Michelini* der Umriss der Schale abgerundet subtetragonal ist und gegen den fast geradlinigen Stirnrand sich verbreitert, während bei der Silurischen Art der ganze Umriss und namentlich auch an der Stirn mehr gerundet bleibt. Auch ist bei *Orthis Michelini* der Schnabel der grösseren Klappe noch etwas kleiner und weniger vorragend, vielleicht auch die Wölbung der beiden Klappen im Ganzen etwas beträchtlicher, als bei der Silurischen Art. Hall, der die gewöhnliche kleinere Form aus den Schichten der „Niagara Group“ im Staate New-York beschreibt und abbildet, thut einer solchen grösseren Form nicht Erwähnung. Dagegen führt Davidson an, dass auf der Insel Gotland eine grosse Form der Art vorkomme, welche die gewöhnliche englische Form um das Vierfache an Grösse übertreffe.

Uebrigens ist der Typus der *Orthis Michelini* auch in devonischen Schichten vertreten. Vor mir liegen Exemplare einer Art aus der als „Hamilton Group“ durch die New-Yorker Staats-Geologen bezeichneten Schichtenfolge vom Cayuga-See im westlichen Theile des Staates New-York, welche der belgischen Form des Kohlenkalks äusserst nahe stehen.

Vorkommen: Weniger häufig, als *Orthis elegantula*. Von der kleineren Form liegen fünf, von der grösseren drei Exemplare vor. Schon E. de Verneuil hat die Art aus unserem Gebiete aufgeführt.

Erklärung der Abbildungen: Fig. 6a. Ansicht eines Exemplars der grossen Form in natürlicher Grösse gegen die kleinere Klappe gesehen. Fig. 6b. Dasselbe Exemplar von der Seite im Profil. Fig. 6c. Ein Exemplar der kleineren Form in natürlicher Grösse gegen die grössere Klappe gesehen.

3. ORTHIS FISSIPLICA n. sp. Taf. V, Fig. 5a, 5b.

Die Schale flach gewölbt, quer oval, mit langem der grössten Breite der Schale jedoch nicht gleich kommendem Schlossrande, auf der Oberfläche mit zahlreichen (40 am Umfange) ausstrahlenden dachförmigen Falten bedeckt, deren Zahl sich durch Theilung oder durch ein der Theilung ähnliches Einsetzen neuer in der Art vermehrt, dass die neuen Falten in der Stärke den Hauptfalten bedeutend nachstehen und, indem sie den letzteren sich anschmiegen, eine undeutlich bündelförmige Anordnung der Falten hervorrufen. Die Zwischenräume zwischen den ausstrahlenden Falten zeigen im Grunde feine, aber scharf vortretende Querlinien. Die durchbohrte Klappe („Ventral-Klappe" Davidson's) ist mässig stark gewölbt und mit einer deutlichen mässig hohen Area versehen. Die andere Klappe ist eben und in der Mitte selbst ein wenig vertieft.

Der allgemeine Habitus dieser Art ist so sehr mit demjenigen zahlreicher anderer Arten der Gattung übereinstimmend, dass man auf den ersten Blick eine bekannte Form zu erkennen glaubt. Versucht man aber sie zu bestimmen, so findet man bald, dass sie mit keiner bekannten sich verbinden lässt. Der specifische Haupt-Charakter liegt in der Anordnung der radialen Falten. Die Vermehrung derselben geschieht zwar, wie das auch bei anderen verwandten Arten das gewöhnliche Verhalten ist, vorzugsweise durch Einsetzen neuer Falten zwischen je zwei vorhandene, allein die neuen Falten nehmen nicht die Mitte des Zwischenraumes ein, sondern sind fast immer der einen mehr als der anderen genähert, was den Anschein der Zerspaltung der ersteren erzeugt. Auch der Umstand, dass die neuen Falten, welche bei anderen Arten rasch die Stärke der alten erreichen, hier auch in erheblicher Entfernung von ihrem Ursprunge noch bedeutend schwächer sind, als die alten, ist bemerkenswerth. Unter den bekannten Arten lässt sich *Orthis fissicosta* Hall (Palaeontology of New-York Vol. I. 121, t. XXXII, fig. 7) aus Unter-Silurischen Schichten (Trenton limestone) des Staates New-York wegen ähnlicher Anordnung der Falten am ersten mit unserer Art vergleichen, allein bei der New-Yorker Art sind die Falten scharfkantiger und stärker, und die Dimensionen der ganzen Schale bedeutender.

Erklärung der Abbildungen: Fig. 5a. Ansicht eines Exemplars in natürlicher Grösse gegen die grössere oder Ventral-Klappe gesehen. Fig. 5b. Mittlerer Längsschnitt durch die vereinigten Klappen.

4. ORTHIS BILOBA.

Anomia biloba Linné Syst. nat. p. 1154.
Spirifer cardiospermiformis L. v. Buch über Spirifer 49.
— — Troost Sixth. geol. Rep. on Tennessee (1841.) p. 13.
Spirifer bilobus E. de Verneuil Note sur le parallelisme des dép. paléoz. de l'Amer. septentr. avec ceux de l'Europe. in Bullet. soc. geol. 2ème Ser. t. IV.
— — Hall Palaeontology of New-York Vol. II, p. 260, t. 54, fig. 1.
Orthis biloba Davidson Mémoire sur les Brachiopodes du Syst. Silur. super. d'Angleterre in Bullet. soc. geol. 2ème Ser. t. V, 1848, p. 13, t. III, fig. 8.

Unter den von mir selbst in Decatur County gesammelten Fossilien befindet sich die Art zwar nicht, aber Troost führt sie von dort auf, und ich erinnere mich, sie in seiner Sammlung gesehen zu haben. Die Art gehört zu denjenigen, welche allen vier Haupt-Gebieten der Wenlock-Schichten, nämlich Tennessee, New-York, der Gegend von Dudley und Gotland gemeinsam sind.

1. STROPHOMENA DEPRESSA. Taf. V, Fig. 2a, 2b.

Strophomena depressa Vanuxem Report on the geol. of New-York 77, t. 19, f. 5.
— — Hall New-York Geology. IV, 104, t. 35, f. 2. (1843).
— — Davidson Brit. Foss. Brachiop. Introd. I, 107, t. 8, f. 167, 168.
— — Ferd. Roemer in Lethaea geognost. II, 364, t. 2, f. 8a—e.
Productus depressus Sowerby Min. Conch. V, 86 t. 459, f. 3. (1825.)
Leptaena depressa Dalman Terebrat. 22, t. 1, f. 2.
— — Sowerby l. Murchison Silur. Syst. 622, t. 12, f. 2.
— — Troost: Sixth. Geol. Report on the State of Tennessee. Nashville 1841. p. 13.
— — E. de Verneuil, Note sur le parallelisme des dépots palaeoz. de l'Amérique etc. 59. (1847.)
Leptaena rugosa Dalman Terebrat. 22, t. 1, f. 1.
Leptagonia depressa M^c^Coy Synops. Carb. Foss. Irel. 117; Idem Synopsis Silur. Foss. of Irel. 117.

Die vorliegenden Exemplare stimmen in jeder Beziehung mit der europäischen Form und mit Exemplaren aus den gleichstehenden Schichten der Niagara-Gruppe im Staate New-York überein. Uebrigens sind die Exemplare klein und gedrungen und keines der vorliegenden kommt an Grösse den ausgewachsenen Exemplaren von Dudley und der Insel Gotland gleich. Eine ähnliche Kleinheit und Gedrungenheit kommt den meisten Brachiopoden unserer Fauna zu. Bei mehreren der vorliegenden Exemplare ist der nach abwärts gebogene Theil der Schale sehr breit, so dass er dem quer gefalteten an Breite gleichkommt.

Vorkommen: Nicht selten. Schon Troost und E. de Verneuil haben sie aus unserem Gebiete aufgeführt.

Erklärung der Abbildungen: Fig. 2a. Ansicht eines ausgewachsenen Exemplares gegen die gewölbte grössere Klappe gesehen. Fig. 2b. Dasselbe im Profil von der Seite gesehen.

2. STROPHOMENA EUGLYPHA. Taf. V, Fig. 3a—e.

Strophomena euglypha Höninghaus i. Leonhards Jahrb. 1830, 282.
— — Davidson: Brit. Brachiop. Vol. I, 108.
Leptaena euglypha Dalman Terebr. 24, t. 1, f. 3.
— — Hisinger Leth. Suec. 69, t. 20, f. 4.
— — Sowerby i. Murchisons Sil. Syst. t. 12, f. 1.
— — Davidson i. London geol. Journ. 56, t. 12, f. 12—15, t. 26, f. 2.
— — Davidson: Mémoire sur les Brachiop. du Syst. Sil. sup. de l'Angleterre 9, t. 3, f. 4.
Orthis euglypha L. v. Buch Delthyris 73.

Von dieser Art liegen zwar nur zwei nicht vollständige Exemplare vor, aber sie genügen, um das Vorkommen der Art in den Schichten von Decatur County festzustellen. Das vollständigere der beiden Stücke ist ein Exemplar der durchbohrten Klappe („Ventral-Klappe" Davidson's). Es haftet mit seiner äusseren koncaven Fläche an dem Gestein und bietet die innere, im Allgemeinen gewölbte und nur gegen den Wirbel hin flach vertiefte Fläche der Beobachtung dar. Die für die Art bezeichnenden regelmässigen feinen ausstrahlenden Linien, ohne alle Unterbrechung durch concentrische Anwachslinien, sind deutlich sichtbar. Sie erscheinen als vertiefte Linien, während sie auf der äusseren Oberfläche der Schale erhaben hervortreten. Ebenso stellen sich die auf der äusseren Fläche der Schale nach Entfernung einer dünnen obersten Schicht sichtbar werdenden feinen nadelstichförmigen Vertiefungen hier auf der Innenfläche als zarte Papillen oder Granulationen dar. Sie stehen dicht gedrängt und in undeutlichen Längsreihen angeordnet in den Zwischenräumen zwischen den ausstrahlenden Linien. In der vertieften, dem Wirbel nahe liegenden Region treten auch die länglich ovalen, durch eine mittlere Längsleiste getrennten Muskeleindrücke ganz so, wie sie Davidson in seiner Arbeit über die Silurischen Brachiopoden Englands (l. c. t. 3, f. 4, die links stehende Figur!) abbildet, hervor. Besonders ist der hintere Rand der Muskeleindrücke leistenförmig erhoben.

Aus dem Staate New-York ist mir die Art nicht bekannt und auch J. Hall führt sie nicht von dort auf. Sie gehört also zu denjenigen Arten, welche in beiden Gebieten der Wenlock-Kalk Fauna in Europa vorkommend bei ihrer Verbreitung nach Amerika das New-Yorker Gebiet der Fauna gewissermassen überspringen und erst am Tennessee-Flusse wieder erscheinen.

Erklärung der Abbildungen: Fig. 3a. Ansicht eines grossen Exemplares gegen die Innenfläche der Ventral-Klappe gesehen. Fig. 3b. Ansicht eines kleineren Exemplares von oben gegen die concave Ventral-Klappe gesehen. Fig. 3c. Mittlerer Längsschnitt durch die vereinigten Klappen der Schale. Fig. 3d. Vergrösserte Ansicht des mittleren Theiles der vereinigten Areae. Fig. 3e. Ansicht gegen die Areae der beiden vereinigten Klappen in natürlicher Grösse.

3. STROPHOMENA PECTEN. Taf. V, Fig. 4a, 4b.

Anomia pecten Linné.

Orthis pecten Dalman Terebrat. 26, t. 1. f. 6; L. v. Buch Delth. 69; Hisinger Leth. Suec. 70, t. 20, f. 6; Davidson Mémoire sur les Brachiopodes du Syst. Silur. super. de l'Anglet. etc. (extrait du Bullet. soc. geol. de Fr. 2ème Ser. tom. V, 1848), 12, t. III. f. 16.

Leptaena subplana Conrad 1842. Journ. Acad. Nat. Science Vol. VIII, 256; Hall: Geol. Report 4th. Distr. New-York 1843, p. 104, f. 1; Hall: Palaeontology of New-York 259, t. 53, fig. 8—10.

Strophomena pecten Davidson Brit. Foss. Brachiop. Vol. I, 106. (1853.)

Diese wohlbekannte, durch die flach zusammengedrückte, radial gestreifte Schale ausgezeichnete Art der Insel Gotland, welche schon Linné gekannt hat, findet sich auch am Tennessee-Flusse. Die vorliegenden Exemplare sind zwar kleiner, als ausgewachsene Exemplare von Gotland und haben eine etwas geringere Zahl von radialen Falten; allein alles Uebrige stimmt so vollständig, dass an ihrer Zugehörigkeit zu der Art nicht zu zweifeln ist. Das grösste der vorliegenden Exemplare ist nur 25 Millim. breit und 15 Millim. lang. Die Zahl der ausstrahlenden Falten beträgt 34 und die Zwischenräume sind breiter, als die Falten selbst. Bei einem gleich grossen Exemplare von Gotland würde die Zahl der Falten erheblich grösser sein. Dagegen sind die nur mit der Lupe wahrnehmbaren feinen aber scharfen und etwas wellig hin und hergebogenen Quer-Linien im Grunde der Zwischenräume zwischen den Falten ganz so wie bei den Gotländer Exemplaren vorhanden. Ebenso ist auch der äussere Umriss der Schale gleich. Die Enden des geraden Schlossrandes überragen mit spitzen Ecken die mittlere Breite der Schale und von den Ecken laufen die Seitenlinien der Schale mit sanfter Ausschweifung gegen die Stirn hin.

Die Art gehört zu derjenigen Gruppe von Arten der Gattung *Strophomena* im Sinne von Davidson, bei welcher die am Schnabel durchbohrte Klappe („Ventral-Klappe" Davidson's) concav, die andere Klappe convex ist. Dieses Merkmal tritt jedoch deutlich erst im ausgewachsenen Zustande hervor. In der Jugend sind beide Klappen ganz flach und eben, und so verhalten sich auch die Exemplare aus Tennessee.

Die Art fehlt auch im Staate New-York nicht. *Leptaena subplana* Conrad bei Hall ist nichts Anderes, als die Gotländische Art, obgleich sie auffallender Weise nicht einmal mit dieser verglichen wird. Ich bin in der Lage, dieses mit Bestimmtheit zu behaupten, indem mehrere von mir selbst bei Lockport gesammelte Exemplare der Art und gleichzeitig solche von Gotland, die ich ebenfalls selbst bei Wisby auf Gotland aufgelesen habe, mir zur Vergleichung vorliegen. Die Exemplare von Lockport stimmen sogar noch viel vollständiger als diejenigen aus Tennessee mit der typischen Gotländer Form überein. Auch Grösse der Schale und Zahl der Falten ist ganz gleich. Da Davidson die Art auch mit Sicherheit von Dudley und Wallsall aufführt, so gehört sie also zu denjenigen Species, welche allen vier Gebieten der gleichen Silurischen Schichtenfolge, nämlich Gotland, England, dem westlichen Theile des Staates New-York und dem Distrikte Decatur im Staate Tennessee gemeinschaftlich sind.

Erklärung der Abbildungen: Fig. 4a. Ansicht eines kleineren Exemplares in natürlicher Grösse gegen die grössere oder Ventral-Klappe gesehen. Fig. 4b. Mittlerer Längsschnitt durch die vereinigten Klappen.

SPIRIFER NIAGARENSIS var. OLIGOPTYCHA. Taf. V, Fig. 8.

Quer oval, fast halbkreisrund mit abgerundeten Flügeln. Die Area mässig hoch, durch den eingekrümmten Schnabel der grösseren Klappe zum Theil verdeckt. In der Mitte der grösseren Klappe ein breiter und tiefer Sinus eingesenkt. Zu jeder Seite desselben vier starke gerundete radiale Rippen. Die ganze Oberfläche der Schale (Rippen und Zwischenräume!) mit feinen, aber scharfen ausstrahlenden Linien bedeckt.

Die Art gehört zunächst in dieselbe Gruppe mit dem bekannten *Spirifer cyrtaena* von Gotland und Dudley und hat mit demselben namentlich die eigenthümlichen feinen ausstrahlenden Linien, welche ohne Unterschied die Rippen und deren Zwischenräume bedecken, gemein. Während aber bei der genannten europäischen Art ausser den den Sinus begrenzenden Wülsten deutliche Rippen oder Falten nicht vorhanden sind, sondern nur gegen den Umfang hin, flache Undulationen hervortreten, so sind hier sehr deutliche, vom Schnabel bis zum Umfange hin mit zunehmender Stärke verlaufende gerundete Rippen vorhanden. Bei der typischen Form der Gattung, wie sie in den Schiefern der „Niagara-Group" bei Lockport vorkommt, sind auf jeder Seite des Sinus acht bis zehn solcher ausstrahlenden Rippen vorhanden und sie sind flach und wenig vorragend. Bei der hier zu beschreibenden Form aus Tennessee dagegen finden sich nur drei bis vier sehr starke und kräftige Rippen auf jeder Seite des Sinus. Vielleicht begründet dieser Unterschied nicht sowohl eine Varietät, als eine selbstständige Art, welche in diesem Falle den zur Bezeichnung der Varietät vorgeschlagenen Namen erhalten kann. Da mir nicht eine hinreichend grosse Zahl von Exemplaren vorliegt, um die Beständigkeit des angegebenen Unterschiedes festzustellen, so wurde vorgezogen, sie zu der jedenfalls nahe verwandten New-Yorker Art als Abart zu stellen. Bei jungen Exemplaren sind übrigens die Rippen weniger stark und die Aehnlichkeit mit der typischen Form daher grösser.

Vorkommen: Nicht häufig! Es liegen im Ganzen 6 Exemplare vor, 4 kleinere ziemlich vollständige und 2 grössere weniger vollständige. Aus entsprechenden Schichten Schwedens und Englands ist die Art nicht bekannt.

Erklärung der Abbildungen: Fig. 8. Ansicht des grössten der vorliegenden Exemplare in natürlicher Grösse gegen die durchbohrte oder Ventral-Klappe gesehen.

1. ATRYPA RETICULARIS. Taf. V, Fig. 9a, 9b.

Anomia reticularis Linné Syst. ed. 12, 1152. (1767.)
Anomites reticularis Wahlenberg i. Acta Upsal. 1821. VIII, 65.
Atrypa reticularis Dalman i. Acta Holm. 1827, 127; idem Terebratul. 48, t. 4, f. 2.
— — Hisinger Leth. Suec. 76, t. 2, f. 11.
— — Davidson Brit. Foss. Brachiop. I. Introd. I, 91, 92, t. 7, f. 87—98.
— — Ferd. Roemer i. Leth. geogn. Th. II, 339.
— — Hall Palaeontol. of New-York II, 277, t. 55, f. 5.
Terebratalites priscus Schlotheim Petrefk. I, 262. (1820.)
Terebratula prisca Bronn i. Jahrb. 1829, 77.

Die zahlreichen vorliegenden Exemplare zeigen die vollständigste Uebereinstimmung mit solchen aus den Silurischen Schichten der Insel Gotland, der Gegend von Dudley in England und ganz besonders auch der „Niagara-Group" im westlichen Theile des Staates New-York. Es ist die den Silurischen Schichten eigenthümliche gedrungene kleinere Form der Art. Selten sind die Exemplare über 20 Millim. breit und über 14 Millim. dick. Meistens bleiben sie noch unter diesen Dimensionen. In Betreff der Zahl und Stärke der ausstrahlenden Falten zeigt sich dieselbe Verschiedenheit wie bei den europäischen Exemplaren. Auch die von vielen Autoren als selbstständige Art unter der Benennung *Atrypa aspera* betrachtete Varietät mit sehr wenigen gerundeten Falten und schuppig abstehenden Anwachsringen auf denselben ist häufig. Troost (Sixth. Geolog. Report on the state of Tennessee Nashville 1841 p. 13) und E. de Verneuil (Note sur le parallelisme des dépots paléoz. etc. 53) führen sogar nur diese Varietät aus unserem Gebiete auf, während doch in der That die typische Form der Art noch häufiger ist.

Vorkommen: Es liegen gegen 50 Exemplare vor und nebst *Rhynchonella Wilsoni* und *Rhynch. Tennesseensis* ist die Art das am häufigsten vorkommende Brachiopod unserer Schichten.

Erklärung der Abbildungen: Fig. 9a. Ansicht eines Exemplares mittlerer Grösse gegen die gewölbtere oder Dorsal-Klappe. Fig. 9b. Dasselbe von der Seite.

2. ATRYPA MARGINALIS. Taf. V, Fig. 10a, 10b.

Terebratula marginalis Dalman Terebratulit. 59, t. 6, f. 6.
— — Hisinger Leth. Suecica 81, t. 23, f. 8.
— — Davidson Mémoire sur les Brachiopodes du Syst. Silur. supér. d'Angleterre etc. Extrait du Bullet. de la soc. geol. de Fr. 2ième Ser. V. 309.
Terebratula imbricata Sowerby i. Murchison Sil. Syst. 724, t. 12, f. 12.
Atrypa marginalis Davidson Brit. Foss. Brachiop. Introduction London 1851—54, 51, 92.

Die Exemplare aus Tennessee stimmen bis auf die etwas geringere Grösse völlig mit Exemplaren von Gotland und von Dudley in England überein. Namentlich zeigen sie auch die eigenthümliche Verdrückung und Umbiegung der Schale am Umfange. Gewöhnlich sind die Ränder

der Seitentheile der Schale nach oben gegen die grössere oder durchbohrte Klappe hin umgebogen. Bei den meisten der vorliegenden Exemplare ist sogar die ganze Schale unregelmässig zusammengedrückt und dieselbe muss dünner oder weniger widerstandsfähig, als bei den übrigen in denselben Schichten vorkommenden Brachiopoden gewesen sein. Der eigenthümliche Charakter der durch Theilung und durch Einsetzen neuer, sich ganz unregelmässig vermehrenden, unvollkommen bündelweise angeordneten ausstrahlenden Falten ist ebenfalls ganz wie bei den europäischen Exemplaren vorhanden. Der gerade vorragende Schnabel der grösseren Klappe ist an der Spitze von einem feinen runden Loche durchbohrt.

Für die Beobachtung der Spiralkegel im Innern der Schale, welche Davidson's Gattungsbestimmung der Art entsprechend wie bei *Atrypa reticularis* vorhanden sein müssen, gewährten die vorliegenden Exemplare keine Gelegenheit.

Vorkommen: Nicht selten! Es liegen 10 Exemplare vor. Die Art gehört übrigens zu denjenigen, welche wie *Pentamerus galeatus* zwar in Tennessee und in den Silurischen Gebieten des nördlichen Europa's vorkommen, dagegen in den geognostisch völlig in das gleiche Niveau gehörenden Gesteinen der „Niagara Group" im Staate New-York bisher nicht beobachtet wurden.

Erklärung der Abbildungen: Fig. 10a. Ansicht eines Exemplares in natürlicher Grösse gegen die nicht durchbohrte oder Dorsal-Klappe. Fig. 10b. Dasselbe Exemplar gegen den Stirnrand gesehen.

ATHYRIS TUMIDA. Taf. V, Fig. 12.

Atrypa tumida Dalman Terebrat. 50, t. 5, f. 3; Hisinger Leth. Suec. 77, t. 22, f. 5.
Terebratula tumida L. v. Buch, Terebrat. 108.; E. de Verneuil: Note sur le parallelisme des dépots palaeoz. de l'Amérique sept. etc. 54; Davidson: Mémoire sur les Brachiop. du Syst. Silur. sup. d'Angleterre 1848, 18, t 3, f. 26.
Terebratula tenuistriata Sowerby l. Murchisons Sil. Syst. 623, t. 12, f. 3.
Athyris tumida M'Coy British Palaeoz. Foss. 196, (1852); Davidson Brit. Foss. Brachiop Vol. I, 86, 77, t. 6, f. 71, 72; F. Roemer l. Lethaea geogn. 321.

Eine nähere Beschreibung dieser den Typus der Gattung *Athyris* bildenden, wohl bekannten Art des Silurischen Kalks der Insel Gotland und der gleichalterigen Schichten von Dudley ist unnöthig und es genügt die Bemerkung, dass die beiden vorliegenden Exemplare vollständig mit solchen von Dudley übereinstimmen. Namentlich ist auch die Form des an der Stirn eine starke Inflexion hervorbringenden Sinus der grösseren Klappe genau dieselbe. An dem einen der beiden Exemplare ist auch die bezeichnende, vom Wirbel der kleineren Klappe ausgehende mittlere Längslinie sichtbar, welcher eine mittlere Scheidewand im Innern entspricht. Auch die seitwärts gerichteten Spiralkegel sind an demselben Exemplare deutlich zu beobachten. In der Grösse kommen die amerikanischen Stücke den grösseren Exemplaren der Art von Gotland nicht gleich, sondern haben nur die Dimensionen mittelgrosser Exemplare von Dudley. Das grössere ist nämlich 29 Millim. breit und 28 Millim. lang.

Schon E. de Verneuil führt die Art nach Beobachtungen in der Sammlung von Troost aus unserem Distrikte auf. Dagegen kennt sie J. Hall aus den entsprechenden Schichten des Staates New-York wenigstens unter diesem Namen nicht. Unter der Benennung *Atrypa nitida* var. *oblata* beschreibt er (J. Hall Palaeontol. of New-York II, 269, t. 55, f. 2) jedoch ein Fossil, welches nach der Abbildung zu schliessen, wohl mit unserer Art identisch sein könnte. J. Hall selbst giebt an, dass es wohl eine selbstständige, von *A. nitida* verschiedene Art sein möge.

Erklärung der Abbildungen: Fig. 12. Ansicht des grösseren der beiden vorliegenden Exemplare gegen die kleinere nicht durchbohrte Klappe gesehen.

1. RHYNCHONELLA WILSONI. Taf. VI, Fig. 13a, 13b.

Anomites lacunosus Linné (pars).
— — Wahlenberg l. Acta Upsala VIII, 67.
Terebratula lacunosa Dalman Terebrat. 55, t. 6, f. 1.
— — Hisinger Leth. Suec. 80, t. 28, f. 3.
Terebratula Wilsoni Sowerby Min. Conch. II, 88, t. 118, f. 3.
— — Troost Sixth Report on the geology of Tennessee 18. (1841.)
— — E. de Verneuil Note sur le parallelisme des dépots paléoz. de l'Amerique etc. p. 54.
Hemithyris Wilsonii d'Orbigny Prodr. de Pal. strat. I, 37. (1849.)
Rhynchonella Wilsonii Davidson Brit. Foss. Brachiopod. I. Introd. 95.

Die Uebereinstimmung mit Exemplaren von Gotland und Dudley ist so vollständig, dass amerikanische Exemplare mit solchen dieser letzteren Fundorte einmal vermengt, sich nachher schwer würden wieder sondern lassen. Auch in der Grösse kommen die Exemplare aus Tennessee den europäischen Exemplaren ganz gleich. Die grössten Exemplare sind 15 Millim. breit und 13 Millim. dick. Die ausstrahlenden dachförmigen Falten sind gegen das Ende hin abgeplattet und durch eine seichte mittlere Längsfurche getheilt, was auf den ersten Blick den Anschein hervorbringt, als theilten sich die Falten gegen den Umfang hin dichotomisch. Vorzugsweise bei den 4—8 im Sinus liegenden Falten ist die Furche deutlich. Die Falten der dem Sinus entsprechenden Wulst der anderen Klappe zeigen die Längsfurche nur sehr undeutlich oder gar nicht.

Vorkommen: Sehr häufig! nebst *Atrypa reticularis* und *Rhynchonella Tennesseensis* das gemeinste Brachiopod der Fauna. Mehr als 50 wohl erhaltene Exemplare liegen vor. Sehr auffallend ist das Fehlen der Art in der „Niagara-Group" des Staates New-York. Ich selbst habe sie dort so wenig gesehen, wie E. de Verneuil und Hall sie von dort aufführen. Es ist also eine der Arten, welche wie *Pentamerus galeatus* in den Ober-Silurischen Kalkschichten von Europa und Amerika gemeinsam, doch nicht in der Europa zunächst liegenden Gegend Nord-Amerikas vorkommen, sondern gewissermassen mit Ueberspringung dieser letzteren erst viel weiter westlich im Flussgebiete des Mississippi wieder erscheinen.

Erklärung der Abbildungen: Fig. 13a. Ein Exemplar in natürlicher Grösse gegen die kleinere oder Dorsal-Klappe gesehen. Fig. 13b. Dasselbe gegen die Stirn gesehen.

2. RHYNCHONELLA TENNESSEENSIS. Taf. VI, Fig. 14a—d.

Diese Art gehört jedenfalls in dieselbe Gruppe Ober-Silurischer Arten, in welche *Rhynchonella plicatella* (*Terebratula plicatella* Dalman), *Rhynchonella crispata* (*Terebratula lacunosa* und *T. crispata* Sowerby i. Murchison Sil. Syst. nach Davidson [Mém. sur les Brachiop. du Syst. Silur. supér. d'Anglet. i. Bull. soc. geol. de Fr. 2ème Ser. tom. V, 1848, p. 309) und *Rhynchonella cuneata* (*Terebratula cuneata* Dalman) gehören. Sie hat mit den genannten Arten namentlich die gleiche Form der einfachen dachförmigen ausstrahlenden Falten und die gleiche Bildung der dem Schnabel zunächst liegenden senkrecht abfallenden ebenen Seitenflächen der Schale gemein. Aber anderer Seits ist sie auch von jeder dieser Arten durch bestimmte Merkmale unterschieden. Von *Rh. cuneata* und *Rh. plicatella* trennt sie der viel stumpfere Winkel der Schlosskanten, die grössere Zahl der Falten und der kurze umgebogene Schnabel der grösseren Klappe. *Rhynchonella crispata*, deren specifische Selbstständigkeit namentlich der *Rh. plicatella* gegenüber an englischen Exemplaren zu prüfen ich jedoch nicht Gelegenheit gehabt habe, steht nach Sowerby's Abbildungen unserer Art zunächst. Aber ein Merkmal ist doch auch hier noch bestimmt unterscheidend. Bei *Rh. crispata* reicht der Sinus der durchbohrten Klappe den Abbildungen Sowerby's zufolge bis in die Spitze des Schnabels, bei unserer Art dagegen verliert sich der breite, 5 bis 6 Falten enthaltende Sinus, der an der Stirne ziemlich tief eingesenkt ist, schon in der Mitte und in der Nähe des Schnabels ist keine Spur mehr von demselben wahrzunehmen. Uebrigens hat unsere Art die feinen fadenförmigen die Falten kreuzenden scharfen Anwachsringe mit der englischen Art gemein. Namentlich auf den Seitenflächen der Falten nimmt man dieselben schon mit dem blossen Auge deutlich wahr. Selten ist die Schale fast kugelig aufgebläht. Der Sinus pflegt dann sehr breit und wenig scharf begrenzt zu sein.

Vorkommen: Die Art gehört zu den häufigsten Brachiopoden der Fauna. Mehr als 50 Exemplare liegen vor. In den gleichstehenden Schichten der „Niagara Group" im westlichen Theile des Staates New-York scheint die Art durch die von J. Hall als *Rh. plicatella?* aufgeführte Art vertreten zu sein, bei welcher jedoch die Zahl der Falten viel geringer ist, als bei der unserigen.

Erklärung der Abbildungen: Fig. 14a. Ein Exemplar mittlerer Grösse gegen die kleinere oder Dorsal-Klappe gesehen. Fig. 14b. Dasselbe von der Seite. Fig. 14c. Dasselbe gegen die Stirn gesehen. Fig. 14d. Ansicht eines von der gewöhnlichen Form abweichenden Exemplares mit hoch aufragender, nach oben zugespitzter Inflexion des Stirnrandes gegen diesen letzteren gesehen.

PENTAMERUS GALEATUS. Taf. V, Fig. 11a, 11b.

Atrypa galeata Dalman Terebratul. 46, t. 5, f. 4. (1827.)
Terebratula galeata L. von Buch Terebrat. 121.
Pentamerus galeatus Conrad Third annual report 1840, 202.
— — E. de Verneuil Note sur le parallelisme des dépots palaeoz. de l'Amérique 54.
— — Ferd. Roemer i. Lethaea geognost. II, 351.

Die vorliegenden zahlreichen Exemplare stimmen vollständig mit solchen aus Silurischen Schichten Europas und namentlich solchen von Gotland und von Dudley überein. Doch gehören alle einer kleinen gedrungenen haselnussgrossen Form an und erreichen nicht die Dimensionen der grösseren europäischen Exemplare, wie das in gleicher Weise auch mit anderen der Fauna angehörenden und mit Europa gemeinsamen Brachiopoden der Fall ist. Die Länge der Schaale beträgt 20 Millim. bei einer Breite von 18 Millim. Alle Exemplare sind mit radialen, gegen die Seiten hin undeutlich werdenden, dachförmigen Falten bedeckt, deren Zahl und Stärke nach den Exemplaren bedeutend variirt. Die glatte oder mit sehr undeutlichen Falten bedeckte Varietät, welche auf Gotland und bei Dudley häufig sich findet, wurde nicht beobachtet.

Vorkommen: Die Art gehört zu den häufiger vorkommenden Brachiopoden. Das Vorkommen der Art in Tennessee ist in so fern bemerkenswerth, als sie in den gleichstehenden Schichten der „Niagara Group“ im Staate New-York fehlt und also bei der Verbreitung von Europa her dieses Gebiet gewissermassen überspringt. In jüngeren Schichten, nämlich in dem sogen. „*Pentamerus limestone*“ der New-Yorker Staats-Geologen ist sie freilich auch im Staate New-York vorhanden.

Erklärung der Abbildungen: Fig. 11a. Ansicht eines Exemplares in natürlicher Grösse gegen die kleinere Klappe gesehen. Fig. 11b. Dasselbe von der Seite.

CALCEOLA TENNESSEENSIS. Taf. V, Fig. 1a—e.

Calceola sandalina Troost Fifth Report on the geology of the state of Tennessee. Nashville, 1840, p. 47.
— — d'Archiac et de Verneuil: On the fossils of the older deposits in the Rhenish Provinces i. Transactions of the geol. Soc. of London. Sec Ser. Vol. VI, 1842, 390.
Calceola n. sp. Ferd. Roemer: Monographie der Blastoideen p. 58 (373). (1851.)
Calceola Tennesseensis Ferd. Roemer i. Lethaea geognost. ed. 3, Th. II, p. 385; 1852—1854; i. Leonh. u. Bronn's Jahrb. 1856, p. 798.

Eine der *Calceola sandalina* nahestehende, aber dennoch bestimmt specifisch verschiedene Art! Bei einer Vergleichung der vorliegenden Exemplare mit zahlreichen Exemplaren der *Calceola sandalina* aus der Eifel ergeben sich namentlich folgende Unterschiede:

1. Die grössere Klappe ist in der senkrecht auf der Area stehenden Richtung bedeutend höher gewölbt, als bei der *C. sandalina*. Das Verhältniss der grössten Breite der Klappe zu der grössten Dicke ist wie 5 : 3, während es bei *C. sandalina* wie 2 : 1 ist.

2. Die Kanten, welche die Area von der gewölbten Rückseite der Klappe trennen, sind gerundet, während sie bei *C. sandalina* scharf sind. Dieser Unterschied ist sehr auffallend und tritt an allen Exemplaren sehr bestimmt hervor. Abhängig davon ist auch der weitere Unterschied, dass während bei *C. sandalina* die Länge des Schlossrandes der grössten Breite der Klappe gleichkommt, bei der amerikanischen Art die grösste Breite der Muschel die Länge des Schlossrandes ansehnlich übertrifft.

3. Die Area der kleineren Klappe, welche bei *C. sandalina* in dieselbe Ebene mit derjenigen der grösseren Klappe fällt, ist stark nach rückwärts geneigt und bildet mit der Fläche der Area der grösseren Klappe eine stumpfwinkelige Kante. Zugleich ist die Area der kleineren Klappe von geringerer Ausdehnung, als bei der devonischen Art und kommt namentlich in ihrer Breite der Breite des Schlossrandes nicht gleich. Mit der Rundung der Kanten der grösseren Klappe hängt übrigens auch der gegen den Schlossrand hin einwärts gekrümmte Verlauf der Anwachsringe auf der Oberfläche der kleineren Klappe zusammen.

4. Die Schaale und namentlich die grössere Klappe ist viel dicker, als bei *Calceola sandalina*, so dass der Raum für die Weichtheile des Thieres beschränkter und namentlich seichter ist. Jugendliche Exemplare sind jedoch weniger dickschaalig und sind deshalb der *Calceola sandalina* ähnlicher.

Abgesehen von diesen Haupt-Unterschieden scheint auch durchgängig der Winkel, in welchem die beiden Seitenkanten der Area der grösseren Klappe zusammenlaufen, spitzer und der Wirbel stärker nach rückwärts gebogen zu sein. Endlich bemerke ich auch an mehreren Exemplaren auf der gewölbten Seite der grösseren Klappe eine undeutliche feine Längsreifung, welche bei *Calceola sandalina* fehlt.

Noch viel bestimmter ist die Art von *Calceola Gotlandica* (Vergl. F. Roemer Bericht von einer geologisch-palaeontologischen Reise nach Schweden i. Leonh. u. Bronn's Jahrb. 1856 p. 798) aus Silurischen Schichten der Insel Gotland unterschieden. Die unsymmetrische nach der einen Seite gewendete Gestalt der Schaale giebt dieser letzteren Art vorzugsweise ihren eigenthümlichen Habitus. Ausserdem ist sie dünnschaliger, als die amerikanische Art und die Area schmaler und spitzwinkeliger.

Nachdem die Verschiedenheit der *C. Tennesseensis* und *C. sandalina* nachgewiesen worden ist, kann die Art auch in keiner Weise mehr, wie von mehreren Schriftstellern geschehen ist, als Stützpunkt für die irrige Annahme benutzt werden, dass die Schichten der „Glades" von Decatur County der devonischen Gruppe angehören, oder wenigstens, dass dort neben der Silurischen auch Devonische vorhanden seien. Denn die Gattung *Calceola* ist so wenig eine ausschliesslich Devonische, dass von den drei bekannten Arten zwei bisher nur in Silurischen Schichten beobachtet wurden.

Vorkommen: Es liegen fünf Exemplare vor, welche sämmtlich an dem eine englische Meile östlich von dem Eisenwerke Brownsport liegenden Mound glade zusammen mit *Caryocrinus ornatus, Pentatrematites Reinwardtii, Orthis elegantula* u. s. w. von mir gesammelt wurden. Alle Exemplare sind in röthlich-weissen, etwas durchscheinenden Chalcedon verwandelt.

Wenn übrigens die Gattung *Calceola* hier noch zu den Brachiopoden gerechnet wird, so soll damit den gewichtigen Bedenken, welche neuerdings gegen diese Stellung geltend gemacht worden sind, keineswegs ihre Bedeutung abgesprochen werden.

Erklärung der Abbildungen: Fig. 1a. Ansicht der grösseren Klappe in natürlicher Grösse gegen die Area gesehen. Die ebene Fläche der Area wird in der Mitte durch eine flache Längsleiste ähnlich wie bei *C. sandalina* getheilt. Fig. 1b. Dasselbe Exemplar von der Seite gesehen. Fig. 1c. Dasselbe Exemplar gegen die im vollständigen Zustande durch die kleinere Klappe geschlossene innere Höhlung gesehen. Es wäre möglich, dass die sehr geringe Tiefe dieser Höhlung zum Theil durch Aufblähung des die Versteinerungsmasse bildenden Chalcedon's bedingt wäre. Fig. 1d. Ansicht der kleineren Klappe. Die schmale Area ist nach unten gekehrt. Fig. 1e. Ansicht eines Exemplares mit vereinigten Klappen im Profil. Die grössere Klappe dieses Exemplars weicht durch die fast gerade und kaum nach rückwärts gekrümmte Area von den anderen vorliegenden Exemplaren ab.

B. GASTEROPODA.

PLATYOSTOMA NIAGARENSIS. Taf. V, Fig. 15.

Platyostoma Niagarensis Hall Palaeontology of New-York II, 287, t. 60, f. 1 (1852).
Nerita haliotis Sowerby in Murchison's Sil. Syst. 625, t. 12, f. 16 (1839).
Acroculia (Nerita) haliotis Sowerby in Murchison's Siluria. London (1854).

Das Gehäuse halbkugelig bis eiförmig, aus drei sehr rasch an Höhe und Breite wachsenden Umgängen zusammengesetzt, ungenabelt. Die Mündung kreisrund. Die Innenlippe über die Spindel zurückgeschlagen. Die Oberfläche mit feinen Anwachsstreifen versehen, welche in der Mitte des letzten Umgangs einen stark nach rückwärts gewendeten Sinus und zwei flachere Inflexionen am Grunde gegen die Spindel hin bilden. Ausserdem sind feine, gewöhnlich nur mit der Lupe sichtbare, etwas wellig hin und her gebogene Längslinien vorhanden, welche auf der dem Sinus entsprechenden Mitte des Umganges gedrängter stehen und ein mehr oder minder deutlich begrenztes mittleres Band bezeichnen.

Die Uebereinstimmung der Exemplare aus Tennessee mit der Beschreibung und Abbildung der Art aus den Schiefern der „Niagara-Group" im Staate New-York durch Hall ist vollständig und durch Vergleichung mit Exemplaren von Lockport selbst wird die Identität noch sicherer festgestellt. Jedoch scheint die Art im Staate New-York nicht ganz die Dimensionen, wie in Tennessee zu erreichen. Im Ganzen ist auch die Erhaltung hier viel besser, als in den

Schiefern von Lockport, wo die Exemplare meistens mehr oder minder verdrückt sind. Die feinen Längsstreifen sind nicht immer deutlich sichtbar. Bei sehr guter Erhaltung der Oberfläche bemerkt man, dass sie etwas dachziegelförmig und zwar von unten nach oben übereinandergreifen.

Die Gattungsbestimmung der Art betreffend, so ist zwar der allgemeine Habitus mit demjenigen von *Natica* oder *Nerita* sehr nahe übereinstimmend, allein die wellenförmige Biegung der Anwachsstreifen und namentlich das Vorhandensein des mittleren Sinus ist auszeichnend. Ganz ähnliche Biegungen der Anwachsstreifen finden sich bei mehreren zu Phillip's Gattung *Acroculia* gerechneten Arten und jedenfalls besteht eine nahe Verwandtschaft mit diesen, wenn gleich die echten *Acroculia*-Arten schief konische und kaum spiral aufgerollte Gehäuse haben sollen. Wenn die Art hier unter dem von Hall angenommenen Gattungsnamen *Platyostoma* aufgeführt worden ist, so soll damit keineswegs die Selbstständigkeit der Gattung bestätigt werden, welche namentlich mit Beziehung auf *Acroculia* eine genauere Begrenzung, als ihr von Conrad und Hall gegeben worden ist, fordert.

Es ist mir sehr wahrscheinlich, dass *Nerita Haliotis* Sow. aus dem Wenlock-Kalke von Dudley mit unserer Art identisch ist. Der allgemeine Habitus ist ganz derselbe und nach der Abbildung zu schliessen, sind nur die starken Längsfalten am oberen und unteren Theile des letzten Umgangs unterscheidend. Eine Andeutung der letzteren kommt jedoch auch bei gewissen Exemplaren der Art aus Tennessee vor. Leider liegen Exemplare der Art von Dudley nicht vor, um die Identität beider Arten geradezu auszusprechen. Die letztere vorausgesetzt, würde die Art den drei westlicheren Distrikten unserer Fauna gemeinsam sein.

Vorkommen: Die Art gehört zu den häufigeren Species der Fauna. Mehr als zwanzig, freilich nur zum Theil vollständige Exemplare liegen vor.

Erklärung der Abbildung: Fig. 15. stellt ein grosses Exemplar in natürlicher Grösse von der Seite dar.

ACROCULIA NIAGARENSIS. Taf. V, Fig. 16.

Acroculia Niagarensis Hall Palaeontol. of New-York Vol. II, p. 288, t. 60, f. 8.

Das schief konische Gehäuse ist nur an der rasch sich verjüngenden Spitze unvollkommen spiral eingewölbt und auf der Oberfläche mit flach wellenförmigen ausstrahlenden Falten bedeckt, die durch zierliche, bogig gekrümmte Anwachslinien gekreuzt werden. Die Mündung fast kreisrund.

Obgleich mir Exemplare von Lockport nicht zur Vergleichung vorliegen, so trage ich nach Hall's Beschreibung und Abbildung der Art doch kein Bedenken, derselben die Form aus Tennessee zuzurechnen. Die vorliegenden sechs Exemplare weichen übrigens erheblich unter einander ab. Namentlich ist bei einigen das Anwachsen des Gehäuses viel rascher, als bei der als typisch angenommenen und abgebildeten Form. Einige Exemplare sind ferner viel weniger schief, sondern fast gerade an der Spitze eingerollt. Endlich sind bei einigen Exemplaren die ausstrahlenden Falten sehr deutlich, während sie bei anderen fast unkenntlich sind.

Aus den gleichstehenden Schichten Englands und Schwedens ist dieselbe oder eine ihr nahe stehende Art nicht bekannt.

Erklärung der Abbildungen: Fig. 16. stellt eines der grösseren Exemplare von der Seite gesehen dar.

TURBO TENNESSEENSIS n. sp. Taf. V, Fig. 17.

Das 22 Millimeter lange, am Grunde 15 Millim. breite, eiförmig konische Gehäuse besteht aus vier aussen gerundeten Umgängen, welche so rasch an Höhe und Breite wachsen, dass die Höhe des letzten Umgangs etwas mehr als die Hälfte der ganzen Höhe des Gehäuses beträgt. Die Mündung ist rundlich, die Innenlippe etwas verdickt und zu einer schmalen ebenen Fläche abgeflacht. Die Oberfläche der Umgänge ist mit zahlreichen (gegen 40) feinen, aber für das blosse Auge noch deutlich erkennbaren, ziemlich gleich starken Spirallinien bedeckt, welche durch noch feinere, nur mit der Lupe erkennbare Anwachsstreifen schief gekreuzt werden. Gegen die Basis des letzten Umgangs hin werden die Spirallinien unregelmässig und wellig hin und her gebogen. Auf dem letzten Umgange und namentlich dessen unterer Hälfte treten auch flach wellenförmige Längswülste hervor.

Die zierliche Skulptur der Oberfläche macht diese Art vorzugsweise kenntlich. Die feinen Spirallinien erinnern etwa an diejenigen des recenten *Cyclostoma elegans,* doch sind sie noch etwas feiner und weniger regelmässig.

Weder aus den gleichstehenden Silurischen Schichten des Staates New-York, noch aus denen von England oder der Insel Gotland ist eine mit der gegenwärtigen näher vergleichbare Art beschrieben worden.

Uebrigens gehört die Art zu den häufigeren Species der Fauna; es liegen mehr als zwanzig Exemplare vor. Die Mehrzahl derselben ist freilich mehr oder minder verdrückt.

Erklärung der Abbildungen: Fig. 17. stellt das beste der vorliegenden Exemplare in natürlicher Grösse gegen die Mündung des Gehäuses gesehen dar.

C. CEPHALOPODA.

ORTHOCERAS ANNULATUM. Taf. V, Fig. 18a, 18b.

Orthoceras annulatum Sowerby Min. Conchol. II, 77, t. 133; Sowerby i. Murchison's Sil. Syst. 632, t. 9, f. 5; Murchison Siluria t. 26, f. 1.

Orthoceratites Defrancii Troost Fifth Geol. Rep. on Tennessee 1840, 49 (1840).

Orthoceratites annulatus Hisinger Leth. Suec. 29, t. 9, f. 6; E. de Verneuil Note sur le parallelisme des dépots pal. de l'Amer. 48.

Orthoceras undulatum Hall Palaeontology of New-York. II, 293, t. 64, f. 1, t. 65, f. 3.

Nur ein einziges 60 Millim. langes und 18 Millim. breites Exemplar liegt vor. Die specifische Bestimmung kann dennoch mit Sicherheit geschehen, denn die Uebereinstimmung mit Exemplaren von Gotland und Dudley ist vollständig. Das Stück zeigt, so weit es erhalten, 10 Ringe, welche stumpfkantig sind und Andeutungen stumpfer runder Höcker erkennen lassen. Die Zwischenräume zwischen je zwei Ringen werden durch zwei fast ebene, in einer mittleren Furche stumpfwinkelig zusammenstossende Flächen gebildet. Die mittlere Furche ist zugleich die Naht der Querscheidewände. Die letzteren sind stark gewölbt und werden in der Mitte von einem mässig starken Sipho durchbrochen. Die Schale selbst ist an unserem Stück nirgends erhalten.

J. Hall beschreibt die Art aus den Schichten der „Niagara Group" von Lockport und Rochester, nennt sie aber *O. undulatum*, weil *O. annulatum* durch Sowerby aus dem Kohlenkalke angegeben ward und daher wahrscheinlich eine von der Silurischen verschiedene Species sei. Allein da keiner der späteren englischen Autoren, welche die Art als *O. annulatum* aus Silurischen Schichten aufführen, an jener Angabe des Vorkommens im Kohlenkalke Anstoss genommen hat, so scheint es, dass man allgemein jene Angabe Sowerby's in Betreff des Fundortes als auf einer Verwechselung beruhend angesehen hat.

Das Ansehen der Art ist übrigens sehr verschieden, je nachdem die Schale selbst erhalten ist oder nicht. Im ersteren Falle sind die Ringe sehr gerundet, die Zwischenräume seicht und zierliche Anwachsringe greifen schuppig übereinander. Hisinger's *Orthoceratites undulatus* ist vielleicht nichts Anderes als sein *O. annulatus* mit erhaltener Schale.

Uebrigens führt auch schon E. de Verneuil den *O. annulatus* aus New-York und aus Tennessee auf. Zugleich erwähnt er Troost's *O. Defrancii*, wie ich glaube mit Recht, als ein Synonym unserer Art.

Hiernach würde *O. annulatum* allen vier Gebieten, Gotland, Dudley, Lockport und Decatur County gemeinsam sein.

Erklärung der Abbildungen: Fig. 18a. stellt das einzige vorliegende Exemplar in natürlicher Grösse von der Seite dar. Fig. 18b. Ansicht des durch eine Kammerwand gebildeten unteren Endes, um die Lage des Sipho zu zeigen.

VI. TRILOBITAE.

CALYMENE BLUMENBACHII. Taf. V, Fig. 22.

Calymene Blumenbachii Brongniart Crust. foss. 11, t. 1, f. 1 (1822); Dalman Palaead. 35, t. 1, f. 3, 5; Murchison Sil. Syst. II, 653, t. 7, f. 5, 7; Troost Fifth geological Report on Tennessee 1840, 57; Sixth. geol. Report 1841, 13; E. de Verneuil Note sur le parallelisme des dép. paléoz. de l'Amerique sept. etc. 1847, 43.

Calymene Blumenbachii var. Niagarensis Hall Palaeontology of New-York Vol. II, 1852, 307, t. 67, f. 11, 12.

Die sorgfältige Vergleichung mehrerer Exemplare mit solchen von Dudley in England stellt es zweifellos fest, dass dieser bekannteste unter allen Trilobiten auch ein Mitglied unserer Silurischen Fauna am Tennessee-Flusse ist. Uebrigens haben auch schon Troost und E. de Verneuil ihn von dort hier eingeführt. Aus den gleichstehenden Schichten der Niagara-Gruppe im Staate New-York beschreibt J. Hall *Calymene Blumenbachii* var. *Niagarensis* und bemerkt, dass die New-Yorker Exemplare einige kleine Unterschiede von der typischen Form von Dudley zeigen und namentlich geringere Grösse, schwächere Entwickelung des mittleren Seitenlappens der *Glabella* und weniger starke Wölbung der Spindel. Die Exemplare aus Tennessee lassen diese Unterschiede nicht wahrnehmen und ich glaube, dass die von Hall angedeuteten Abweichungen lediglich Folge einer lokalen etwas weniger kräftigen Entwickelung sind. Uebrigens will auch J. Hall durch den Zusatz var. *Niagarensis* nicht sowohl eine Verschiedenheit von der typischen europäischen Form des gleichen Silurischen Stockwerks, als vielmehr von der Unter-Silurischen Form im Trenton-Kalke des Staates New-York bezeichnen. Auf diese Weise gehört *Calymene Blumenbachii* zu denjenigen Arten, welche allen vier Distrikten der Fauna, nämlich der Insel Gotland, der Gegend von Dudley, dem westlichen Theile des Staates New-York und den Glades von Decatur County am Tennessee-Flusse gemeinsam sind.

Vorkommen: Es liegen vier mehr oder minder stark verdrückte Exemplare vor.

Erklärung der Abbildungen: Fig. 22. Ansicht eines kleinen Kopfschildes in natürlicher Grösse.

CERAURUS BIMUCRONATUS. Taf. V, Fig. 19.

Paradoxides bimucronatus Murchison Sil. Syst. t. 14, f. 8, 9 (1839).
Calymene speciosa Hisinger Leth. Suec. Suppl. sec. 6, t. 39, f. 2, 1840. (non *Calymene speciosa* Dalman!)
Cheirurus bimucronatus Beyrich. Böhm. Trilob. I, 19. (1845.)
Cheirurus speciosus Salter i. Mémoirs Geol. Surv. Vol. II, Part. I, t. 7, f. 4, 5, 6.
Cheirurus bimucronatus: Salter i. Brit. organ. remains. Dec. VII, t. 2. (1853.)
Ceraurus insignis Hall Palaeontol. of New-York Vol. II, 300, t. A. 66, f. 4, 306, t. 67, f. 9, 10. (1852.) (non *Cheirurus insignis* Beyrich!)
Chirurus speciosus Angelin Palaeontol. Scandinavica I, 78. t. 39, f. 14. (1854.)

Es liegen zwei fast vollständige Köpfe, jedoch ohne die Seitenschilder vor. Alle Merkmale derselben passen sehr gut zu der Art, welche Hall unter der Benennung *Ceraurus insignis* aus den Schichten der Niagara-Gruppe im Staate New-York beschreibt und an der Identität mit dieser Form ist bei der Altersgleichheit der Schichten wohl kaum zu zweifeln. Ebenso steht Nichts einer Vereinigung mit Hisinger's *Calymene speciosa* von Gotland und Angelin's *Chirurus speciosus*, dem der Abbildung nach zu schliessen ebenfalls Hisinger's Original-Exemplar zu Grunde liegt, entgegen, wenngleich die vorliegenden Kopfschilder aus Tennessee bei weitem nicht die Grösse des von den genannten schwedischen Autoren abgebildeten Exemplars von Gotland erreichen. Dass auch Murchison's *Paradoxides bimucronatus* aus dem Wenlock-Kalke hierher gehört, ist erst bestimmt hervorgetreten, seitdem Salter diese englische Art vollständig kennen gelehrt hat. Auf diese Weise ist dieselbe Art also in allen vier Gebieten Gotland, Dudley, Lockport und Decatur County verbreitet.

Die richtige Benennung der Art betreffend, so wird dieselbe, wie ich glaube, *Ceraurus bimucronatus* sein müssen. Es wird auf den älteren Gattungsnamen *Ceraurus* von Green zurückzugehen sein. Denn wenn die Beschreibung des amerikanischen Autors, ebenso wie der zur Erläuterung beigefügte Gypsabguss auch sehr unvollkommen war, so hätte man, wenn überhaupt Exemplare des später durch Hall genau bekannt gewordenen *Ceraurus pleurexanthemus* früher nach Europa gekommen wären, dennoch wohl deren Zugehörigkeit zu Green's Beschreibung und Gypsabguss erkannt haben. Man wird um so eher der Priorität des Green'schen Namens ihr Recht geben, als Beyrich's spätere Benennung *Cheirurus* doch nicht wohl unverändert bestehen könnte, sondern (nach Analogie von *Chiragra, Chirographum, Chirurgia* u. s. w.) jedenfalls in *Chirurus* umgestaltet werden müste. Den Art-Namen betreffend, so würde, wenn Dalman's *Calymene speciosa* mit dem unter der gleichen Benennung durch Hisinger beschriebenen Trilobiten von Gotland identisch wäre, unsere Art *Ceraurus speciosus*, wie Angelin will, heissen müssen. Allein Angelin selbst hält Hisinger's Art für verschieden von der unter gleichem Namen durch Dalman beschriebenen. Demnach wird Murchison's Species-Name gewählt werden müssen. J. Hall nennt seine Art aus dem Staate New-York *Ceraurus insignis*, allein die

Merkmale, welche **Barrande** als unterscheidend für **Hisingers** *Calymene speciosa* von dem böhmischen *Cheirurus insignis* hervorhebt, namentlich auch die stärker nach rückwärts gewendete Richtung der Seitenfurchen sind auch in den Abbildungen von **Hall** erkennbar.

Erklärung der Abbildungen: Fig. 19. stellt das grössere der beiden vorliegenden Kopfschilder in natürlicher Grösse dar.

SPHAEREXOCHUS MIRUS. Taf. V, Fig. 20.

Sphaerexochus mirus Beyrich Böhm. Trilob. I, 21, II, 6 t. 1, f. 8; Barrande Syst. Sil. Bohême I, 808, t. 42, f. 16—23, t. 3, f. 13, t. 6, f. 18; Salter l. Brit. organ. rem. Decade VII, 1853, 1—6, t. 3.

So sicher die Zugehörigkeit zu demselben generischen Typus mit der böhmischen Art ist, nach welcher die Gattung *Sphaerexochus* aufgestellt wurde, so wenig bin ich bei der hier aufzuführenden Art aus Tennessee der specifischen Identität mit der böhmischen Art gewiss. Es liegen drei ziemlich wohl erhaltene Exemplare des Kopfschildes vor. Die allgemeine Form desselben passt sehr gut zu derjenigen der böhmischen Art. Nur der Zwischenraum zwischen den beiden kreisrunden Tuberkeln an der Basis der Glabella ist bedeutend grösser, als bei der böhmischen Art. Bei der letzteren Art ist jener Zwischenraum nach **Barrande's** Beschreibung und nach mir vorliegenden Original-Exemplaren wenig grösser, als der Durchmesser eines der Tuberkel beträgt, bei den amerikanischen Exemplaren dagegen ist er mehr als 1½ Mal so breit, als einer der Tuberkel. Nun bemerkt zwar **Barrande**, dass die Breite des Zwischenraumes bei den böhmischen Exemplaren etwas schwankend ist, und **Salter** hat eine gleiche Veränderlichkeit in Betreff dieses Merkmales bei irischen Exemplaren wahrgenommen. Allein eine so bedeutende Verschiedenheit, wie sie die Exemplare von Tennessee zeigen, kann wohl kaum in den Bereich der Schwankungen fallen, welche die genannten Autoren beobachtet haben. Da mir jedoch Rumpf und Schwanzschild der amerikanischen Art unbekannt sind und auch die wenigen vorliegenden Exemplare des Kopfschildes nicht einmal ganz vollständig sind, so stehe ich von der Errichtung einer neuen Art ab und begnüge mich, den angegebenen Unterschied zu konstatiren. An sich ist es mir freilich sehr wahrscheinlich, dass die amerikanische Art von der typischen böhmischen Art des Geschlechtes specifisch verschieden ist, weil überhaupt eine so sehr geringe Gemeinschaft der Arten, zwischen der Fauna der böhmischen Schichtenfolge (**Barrande's Etage E.**) und der Fauna von Tennessee, eben so wie derjenigen von Lockport, Dudley und Gotland trotz wesentlicher Gleichalterigkeit besteht. Bei der Einfachheit des Kopfschildes und dem auffallenden allgemeinen Habitus desselben werden specifische Unterschiede der Arten bei dieser Gattung leichter als bei anderen Gattungen sich der Auffassung entziehen. Vielleicht wird auch nur deshalb die Art aus so sehr verschiedenen Stockwerken der Silurischen Schichtenreihe aufgeführt. Ob die durch **Salter** von Dudley beschriebene Form mit derjenigen aus Tennesses identisch ist, müssen spätere Vergleichungen lehren. Die Analogie der beiden Faunen macht es wahrscheinlich. Aus den entsprechenden Schichten des Staates New-York führt J. Hall keine Art der Gattung auf.

Erklärung der Abbildungen: Fig. 20 stellt das grösste der drei vorliegenden Exemplare des Kopfschildes in natürlicher Grösse von oben gesehen dar.

DALMANIA CAUDATA. Taf. V, Fig. 21.

Asaphus caudatus Brongniart Crust. foss. t. 2, f. 4 (1822); Dalman Palaead. t. 2, f. 4 (1826); Murchison Sil. Syst. t. 7, f. 8a (1837).

Phacops caudatus Burmeister Trilob. 112, t. 4, f. 9 (1843).

Dalmania caudata Emmrich i. Leonhard und Bronn's Jahrb. 1845, p. 40; Barrande Syst. Sil. de la Bohême I, 537 (1852).

Phacops caudatus Salter i. Figures and Descr. of Brit. organ. rem. Dec. II, t. 1 (1849).

Phacops limulurus Hall Palaeontol. of New-York II, 303, t. 67, f. 1—8 (1852).

Nicht ganz ohne Bedenken wird ein in drei Exemplaren vorliegendes Schwanzschild dieser wohl bekannten Art zugerechnet. Der allgemeine Habitus ist wohl übereinstimmend mit der typischen Form des Wenlock-Kalkes und mit dem wohl unzweifelhaft damit identischen *Phacops limulurus* des Staates New-York. Allein anderer Seits treten auch gewisse Unterschiede hervor. Namentlich ist die Zahl der Ringe der Achse und die Zahl der Rippen auf den Seitenlappen grösser. Von den ersteren zählt man, abgesehen von einigen undeutlichen am äussersten Ende der Achse, 15, von den Rippen auf den Seitenlappen jeder Seite 11. Bei der typischen englischen Form ist die Zahl der Achsenringe 11 bis 12 und die Zahl der Rippen auf den Seitenlappen 5 bis 8. Auch die Form der Rippen auf den Seitenlappen ist eine etwas abweichende. Bei erhaltener Schale sind die Rippen sehr flach und werden durch eine dem unteren Rande näher liegende feine Linie getheilt. Der das Pygidium umgebende glatte Randsaum ist nicht verdickt und viel weniger nach abwärts gebogen, als bei der typischen englischen Form. Endlich ist auch die Breite des Schwanzschildes im Vergleich zur Länge eine grössere. Das grösste der drei vorliegenden Exemplare misst nämlich 48 Millim. in der Breite bei 27 Millim. Länge von dem Vorderrande bis zum Ende der Hauptachse. Die äusserste Spitze des hinteren Endes ist nicht erhalten und deshalb nicht zu bestimmen, ob dieselbe mehr oder weniger lang ausgezogen sei. Nach der nicht verdickten Beschaffenheit des Randsaumes am hinteren Ende ist keine sehr verlängerte Spitze zu vermuthen. Die grosse Breite des Schwanzschildes betreffend, so ist zu bemerken, dass auch bei den englischen Exemplaren der *Dalmania caudata* nach Salter's Zeugniss sehr bedeutende Schwankungen in dem Verhältniss der Breite zur Länge stattfinden. Der angegebenen Unterschiede ungeachtet bin ich schliesslich der Ansicht, dass die englischen Pygidien wohl zu *Dalmania caudata* gehören können.

Ausserdem liegt nun aber auch noch ein riesenhaftes, leider nicht ganz vollständiges Kopfschild einer *Dalmania* vor, welche trotz der sehr bedeutenden Grösse nach den erhaltenen Merkmalen ebenfalls keine andere als die bekannte englische Art zu sein scheint. Das fragliche Exemplar eines Kopfschildes ist in den vorderen und Seiten-Theilen vollständig und sogar mit der Substanz der Schale selbst erhalten. Dagegen fehlt der mittlere Theil der Glabella und der Hinterrand des Kopfschildes. Die grösste Breite am hinteren Rande, da wo die Hinterecken sich in lange gerade Hörner fortsetzen, ist 104 Millim., die grösste Länge 51 Millim. Das sind Dimensionen, welche weit über die gewöhnlichen der *Dalmania caudata* hinausgehen und welche denjenigen der grössten Exemplare anderer Arten der Gattung (z. B. des von Barrande l. c. tab. 25, f. 15 abgebildeten Exemplars von *Dalmania spirifera*) gleichkommen. Allein von dieser bedeutenderen Grösse abgesehen, stimmt das Kopfschild sehr gut mit solchen von *Dalmania caudata* überein und ich stelle dasselbe daher vorläufig mit den vorher beschriebenen Pygidien zu eben dieser Art.

Erklärung der Abbildungen: Fig. 21. Ansicht eines der vorliegenden Schwanzschilder in natürlicher Grösse.

BUMASTUS BARRIENSIS. Taf. V, Fig. 23.

Bumastus Barriensis Murchison Sil. Syst. t. VII bis f. 3, t. 14, f. 7 (1839); Salter i. Brit. organ. rem. Dec. II. t. 3, 4. (1849); J. Hall Palaeontol. of New-York II, 302, t. 66, f. 1—15.

Es liegen nur zwei Schwanzschilder vor, aber die Artbestimmung scheint dennoch unbedenklich. Das grössere der beiden Pygidien ist 26 Millim. breit und 19 Millim. lang, halbkreisförmig (so dass der vordere dem Rumpfe zugewendete Rand den Durchmesser des Halbkreises bildet!) und gleichmässig stark gewölbt ohne alle Gliederung. Die durch die Enden des geraden Schlossrandes und durch die gebogenen Seitenränder gebildeten Ecken werden durch eine schmale, schief nach abwärts gerichtete Fläche, über welche sich die Pleuren des letzten Rumpfsegmentes bei der Einrollung schieben, abgestumpft.

Die Art ist bekanntlich zuerst von Dudley bekannt geworden. J. Hall beschreibt sie aus dem westlichen Theile des Staates New-York von Lockport und Rochester. Sie ist also den drei westlichen Provinzen unserer Schichtenreihe gemeinsam und nur aus der östlichen Provinz, nämlich von Gotland kennt man sie nicht. Jedoch beschreibt Angelin (l. c. I, 40, t. 24, f. 1) unter der Benennung *Bumastus Lindströmi* von dort eine Art, welche der typischen englischen sehr nahe zu stehen scheint und sich nach der Diagnose von Angelin nur durch schwach angedeutete Längsfurchen am Kopfschilde unterscheiden würde.

Erklärung der Abbildungen: Fig. 23. Das vollständigste der vorliegenden Schwanzschilder in natürlicher Grösse.

ILLAENUS sp. Taf. V, Fig. 24.

Nur ein einzelnes Stück liegt vor, welchem bei unzweifelhafter Zugehörigkeit zu den Trilobiten überhaupt nur mit grossem Bedenken sein Platz innerhalb der Gattung *Illaenus* als Schwanzschild einer noch unbekannten Art angewiesen wird. Das fragliche Stück ist im Umriss dreieckig mit gerundeten Ecken, 22 Millim. breit und 21 Millim. lang, und stark gewölbt. Zwei deutliche Längsfurchen, welche nur gegen das Ende hin undeutlich werden, begrenzen in fast vollkommen parallelem Verlauf einen mittleren, 10 Millim. breiten Theil, welcher in bedeutend höherer Wölbung sich über die schmalen Seitentheile erhebt. Diese stark ausgesprochene Dreilappigkeit des Pygidium und die deutliche Begrenzung der Achse bis zum hinteren Ende ist freilich wenig in Uebereinstimmung mit den bisher bekannten Arten der Gattung. Dagegen zeigt die Schaale, da wo sie auf den Seitenlappen am Rande erhalten ist, ganz ähnliche, schief, aber im Ganzen dem Umfange parallel verlaufende feine Furchen, wie sie bei *Illaenus* und *Bumastus* vorkommen. Der künftigen Auffindung der übrigen Körpertheile muss die sichere Entscheidung über die generische und specifische Stellung der Art vorbehalten bleiben.

Erklärung der Abbildungen: Fig. 24 stellt das einzige vorliegende Stück in natürlicher Grösse dar.

VERGLEICHUNG DER FAUNA MIT DEN FAUNEN GLEICHSTEHENDER SCHICHTEN IN ANDEREN GEGENDEN AMERIKAS UND EUROPAS NEBST DEN DARAUS SICH ERGEBENDEN SCHLUSSFOLGERUNGEN.

—

Nachdem in dem Vorstehenden die Beschreibung der einzelnen Arten gegeben ist, so wird es jetzt von Interesse sein, die Beziehungen zu ermitteln, in welchen die Fauna zu anderen Silurischen Faunen gleichen Alters steht, und an diese Ermittelung werden sich einige Folgerungen allgemeinerer Natur in Betreff der Verbreitung der thierischen Organismen während der Silurischen Epoche knüpfen lassen.

Zunächst wird die Fauna mit derjenigen etwaiger äquivalenter Schichten in anderen Theilen Nord-Amerikas zu vergleichen sein. Es wird namentlich in den — Dank den rühmlichen Arbeiten der New-Yorker Staats-Geologen — in ihrer Aufeinanderfolge und nach ihren petrographischen und paläontologischen Merkmalen so genau bekannten Silurischen Ablagerungen des Staates New-York nach einer gleichstehenden Bildung zu forschen sein. Hier lehrt nun schon eine flüchtige Vergleichung, dass eine entschiedene Aehnlichkeit unserer Fauna mit derjenigen der durch die New-Yorker Staats-Geologen und namentlich durch James Hall als „Niagara-Group" bezeichneten Reihenfolge kalkiger und mergeliger Schichten, welche besonders im westlichen Theile des Staates New-York und namentlich in den Umgebungen der Niagara-Fälle und der Stadt Lockport entwickelt ist, besteht. Die Uebereinstimmung tritt namentlich bei den Brachiopoden und den Korallen ganz schlagend hervor. Aber auch bei den Gasteropoden, den Cephalopoden und bei den Crinoiden zeigt sie sich in der Gemeinsamkeit einer mehr oder minder beträchtlichen Zahl von Arten. Es wird jedoch nicht genügen, diese Uebereinstimmung im Allgemeinen auszusprechen, sondern mit Rücksicht auf spätere Betrachtungen wird es von Wichtigkeit sein, durch eine in's Einzelne gehende Vergleichung den Grad der zwischen beiden Faunen bestehenden Uebereinstimmung festzustellen. Für eine solche Vergleichung bietet die in Hall's grossem und wichtigen Werke, der Palaeontology of New-York Vol. II enthaltene

Beschreibung der organischen Einschlüsse der „Niagara-Group“ ein sehr erwünschtes Anhalten. Eigenes Sammeln bei Lockport hat mir ausserdem ein Material verschafft, welches mir bei den meisten Arten eine unmittelbare Vergleichung von Exemplaren aus Tennessee mit solchen aus dem westlichen Theile des Staates New-York möglich machte.

Der Vergleichung der beiden Faunen selbst ist hier noch die Aufzählung sämmtlicher in dem Vorstehenden beschriebenen Arten unserer Fauna voranzustellen.

AUFZAEHLUNG DER IN DEN SCHICHTEN VON DECATUR COUNTY BEOBACHTETEN ARTEN.

SPONGIAE.

1. *Astylospongia praemorsa.*
2. *Astylospongia stellatim-sulcata.*
3. *Astylospongia inciso-lobata.*
4. *Astylospongia imbricato-articulata.*
5. *Palaeomanon cratera.*
6. *Astraeospongia meniscus.*

ANTHOZOA.

7. *Calamopora favosa.*
8. — *Gothlandica.*
9. — *Forbesi var. discoidea.*
10. — *cristata.*
11. — *fibrosa.*
12. *Alveolites repens.*
13. *Heliolites interstincta.*
14. *Plasmopora follis.*
15. *Halysites catenularia.*
16. *Thecostegites hemisphaericus.*
17. *Thecia Swinderenana.*
18. *Cyathophyllum Shumardi.*
19. *Aulopora repens.*

BRYOZOA.

20. *Fenestella acuticosta.*

CRINOIDEN.

21. *Caryocrinus ornatus.*
22. *Apiocystites sp.*
23. *Platycrinus Tennesseensis.*
24. *Lampterocrinus Tennesseensis.*
25. *Saccocrinus speciosus.*
26. *Cytocrinus laevis.*
27. *Eucalyptocrinus caelatus.*
28. *Eucalyptocrinus ramifer.*
29. *Coccocrinus bacca.*
30. *Poteriocrinus pisiformis.*
31. *Synbathocrinus Tennesseensis.*
32. *Cystocrinus Tennesseensis.*
33. *Pentatrematites Reinwardtii.*

BRACHIOPODA.

34. *Orthis elegantula.*
35. *Orthis hybrida.*
36. *Orthis fissiplica.*
37. *Orthis biloba.*
38. *Strophomena depressa.*
39. *Strophomena euglypha.*
40. *Strophomena pecten.*
41. *Spirifer Niagarensis var. oligoptycha.*
42. *Atrypa reticularis.*
43. *Atrypa marginalis.*
44. *Athyris tumida.*
45. *Rhynchonella Wilsoni.*
46. *Rhynchonella Tennesseensis.*
47. *Pentamerus galeatus.*
48. *Calceola Tennesseensis.*

GASTEROPODA.

49. *Platyostoma Niagarensis.*
50. *Acroculia Niagarensis.*
51. *Turbo Tennesseensis.*

CEPHALOPODA.

52. *Orthoceras annulatum.*

TRILOBITAE.

53. *Calymene Blumenbachii.*
54. *Ceraurus bimucronatus.*
55. *Sphaerexochus mirus.*
56. *Dalmania caudata.*
57. *Bumastus Barriensis.*
58. *Illaenus sp.?*

Der Grad der Uebereinstimmung zwischen beiden Faunen ergiebt sich nun am einfachsten aus den nachstehenden Uebersichten:

GEMEINSAME ARTEN DER SCHICHTEN VON DECATUR COUNTY IN TENNESSEE UND DEN SCHICHTEN DER „NIAGARA GROUP" IM WESTLICHEN THEILE DES STAATES NEW-YORK.

1. *Halysites catenularia.*
2. *Heliolites interstincta.*
3. *Calamopora favosa.*
4. *Calamopora Gothlandica.*
5. *Alveolites repens.*
6. *Caryocrinus ornatus.*
7. *Saccocrinus speciosus.*
8. *Eucalyptocrinus caelatus.*
9. *Orthis elegantula.*
10. *Orthis hybrida.*
11. *Orthis biloba.*
12. *Strophomena depressa.*

13. *Strophomena pecten.*
14. *Atrypa reticularis.*
15. *Athyris tumida.*
16. *Platyostoma Niagarensis.*
17. *Acroculia Niagarensis.*
18. *Orthoceras annulatum.*
19. *Calymene Blumenbachii.*
20. *Ceraurus bimucronatus.*
21. *Dalmania caudata.*
22. *Bumastus Barriensis.*

Von den 58 Arten unserer Fauna aus Tennessee sind demnach 22, d. i. mehr als ein Drittheil mit Arten der Fauna der Niagara-Gruppe im westlichen Theile des Staates New-York identisch. Es ist aber nicht allein die Zahl der Arten, welche für die Beurtheilung des Grades der Verwandtschaft der beiden Faunen in Betracht kommt, sondern es ist noch ein besonderes Gewicht auf den Umstand zu legen, dass die gemeinsamen Arten nicht bloss solche sind, denen wie *Halysites catenularia, Heliolites interstincta, Calamopora favosa, Strophomena depressa, Atrypa reticularis, Calymene Blumenbachii* u. s. w. eine grosse horizontale Verbreitung auch ausserhalb America zusteht, sondern auch solche, welche wie *Caryocrinus ornatus, Saccocrinus speciosus, Eucalyptocrinus caelatus, Platyostoma Niagarensis* und *Acroculia Niagarensis* aus anderen Gegenden nicht bekannt und zum Theil wie *Caryocrinus ornatus* und *Saccocrinus speciosus* sogar der Gattung nach auf die beiden Faunen ausschliesslich beschränkt sind. In jedem Falle ist die Uebereinstimmung der beiden Faunen so gross, dass die völlige Gleichzeitigkeit der Ablagerung für die hier einschliessenden Gesteine daraus gefolgert werden darf.

Zieht man ausser den vorstehend genannten **gemeinsamen** Arten auch die aus gleichstehenden Schichten Europas bekannten Arten unserer Fauna, welche als gewissermassen nur zufällig in der Niagara-Gruppe des Staates New-York fehlend angesehen werden dürfen von der Gesammtzahl der Arten ab, so bleiben als bezeichnend für unsere Fauna von Tennessee im Gegensatze zu derjenigen von New-York die folgenden Arten übrig:

BEZEICHNENDE ARTEN DER FAUNA VON TENNESSEE IM GEGENSATZE ZU DERJENIGEN DER NIAGARA-GRUPPE IM STAATE NEW-YORK.

1. *Astylospongia stellatim-sulcata.*
2. — *inciso-lobata.*
3. — *imbricato-articulata.*
4. *Palaeomanon cratera.*
5. *Astraeospongia meniscus.*
6. *Plasmopora follis.*
7. *Thecostegites hemisphaericus.*
8. *Cyathophyllum Shumardi.*
9. *Fenestella acuticosta.*
10. *Platycrinus Tennesseensis.*
11. *Lampterocrinus Tennesseensis.*
12. *Cytocrinus laevis.*

13. *Eucalyptocrinus ramifer.*	17. *Pentatrematites Reinwardtii.*
14. *Coccocrinus bacca.*	18. *Orthis fissiplica.*
15. *Poteriocrinus pisiformis.*	19. *Rhynchonella Tennesseensis.*
16. *Synbathocrinus Tennesseensis.*	20. *Calceola Tennesseensis.*
21. *Turbo Tennesseensis.*	

Es sind hiernach besonders die Spongien, die Crinoiden und einige Brachiopoden, welche die lokale Selbstständigkeit der Fauna von Tennessee derjenigen von New-York gegenüber begründen. Ganz besonderes Gewicht würde unter diesen auf solche Arten, wie *Astraeospongia meniscus, Palaeomanon cratera, Astylospongia stellatim-sulcata, Plasmopora follis, Cyathophyllum Shumardi, Platycrinus Tennesseensis, Lampterocrinus Tennesseensis, Pentatrematites Reinwardtii* und *Calceola Tennesseensis* zu legen sein, weil sie bei ansehnlicher Grösse und auffallender Form nicht wohl übersehen sein könnten, wenn sie überhaupt in den Schichten des westlichen New-York vorhanden wären, während für solche kleinere Arten wie *Poteriocrinus pisiformis, Coccocrinus bacca* u. s. w. es gar wohl möglich wäre, dass sie nur zufällig der Aufmerksamkeit der New-Yorker Paläontologen entgangen wären. Uebrigens besitzt anderer Seits auch die Fauna der Niagara-Gruppe eine Anzahl ausgezeichneter Formen, welche der Fauna von Tennessee fehlen. Dahin gehören namentlich einige Crinoiden und Trilobiten wie *Ichthyocrinus laevis, Lecanocrinus macropetalus, Stephanocrinus angulatus, Callocystites Jewettii* und *Lichas Boltoni.* Im Ganzen ist das Zahlen-Verhältniss der jeder der beiden Faunen eigenthümlichen Formen zu den ihnen beiden gemeinschaftlichen ein solches, wie es bei der bedeutenden räumlichen Entfernung der die beiden Faunen einschliessenden Ablagerungen als Folge der lokalen Einflüsse erwartet werden darf und giebt keineswegs Veranlassung die vorher angenommene vollkommene Gleichzeitigkeit der Ablagerungen in Frage zu stellen. Der Verbreitungsbezirk der Fauna von Tennessee liegt nämlich gegen 9 Längengrade weiter gegen Westen, als derjenigen der entsprechenden Schichten des Staates New-York und zugleich ist er um mehr als 7 Breitengrade weiter gegen Süden gerückt. In dem ganzen weiten Zwischenraume zwischen Lockport und Perryville sind übrigens Schichten gleichen Alters meines Wissens nur noch an einem einzigen Punkte, am Bear-Grass Creek unweit Louisville im Staate Kentucky nämlich, bekannt geworden. An den Abhängen einer bewaldeten Thalschlucht sind hier graue Kalksteinschichten in wagerechter oder wenig geneigter Lagerung aufgeschlossen, welche dieselbe fossile Fauna wie die Schichten von Perryville und Brownsport umschliessen. Ich selbst habe an dieser Lokalität, zu welcher ich durch die Herren Yandell und Shumard geführt wurde, namentlich Exemplare von *Caryocrinus ornatus* und *Cytocrinus laevis* gesammelt. Der Aufschluss der Schichten ist übrigens nur unvollkommen und die Erhaltungsart der organischen Einschlüsse weniger günstig, als in dem Haupt-Verbreitungsbezirke der Fauna in Tennessee. — Aus den weiter westlich jenseits des Mississippi gelegenen Gebieten Nord-Amerikas sind bisher keine Schichten mit einer der unsrigen näher vergleichbaren Fauna bekannt geworden.

Gegenwärtig wird eine Vergleichung unserer Fauna mit denjenigen gleichstehender Schichten in Europa anzustellen sein. Es wird hier vorzugsweise die Fauna der englischen Wenlock-Bildung („*Wenlock limestone*" und „*Wenlock shale*" von Murchison) in Betracht kommen, denn es ist längst bekannt, dass die von den New-Yorker Staats-Geologen als „*Niagara-Group*" bezeichneten Schichten im westlichen Theile des Staates New-York der englischen Wenlock-Bildung gleichstehen. Anderer Seits ist es durch die Untersuchungen von Murchison, E. de Verneuil und Anderen schon vor einer Reihe von Jahren unzweifelhaft festgestellt, dass die Reihenfolge kalkiger und mergeliger Schichten, welche die schwedische Insel Gotland vorzugsweise zusammensetzen und gewisse in dem Silur-Becken des südlichen Norwegens, namentlich auf den Inseln Malmö und Malmöcalv entwickelte dunkele Kalkschichten als völlig gleichalterig mit der englischen Wenlock-Bildung gelten müssen. Die Uebereinstimmung der Faunen dieser skandinavischen Ablagerungen mit derjenigen der englischen Wenlock-Bildung ist, wenn auch einzelne eigenthümliche Arten vorkommen, im Ganzen so vollständig, dass bei einer Vergleichung mit der Fauna von Tennessee sie vereinigt dieser gegenüber gestellt werden können.

GEMEINSAME ARTEN DER SCHICHTEN VON DECATUR COUNTY IM STAATE TENNESSEE EINERSEITS UND DER ENGLISCHEN WENLOCK-BILDUNG, DER KALKSCHICHTEN DER SCHWEDISCHEN INSEL GOTLAND UND DER INSEL MALMÖ BEI CHRISTIANIA ANDERERSEITS.

1. *Astylospongia praemorsa* [1].
2. *Calamopora favosa.*
3. — *Gothlandica.*
4. — *Forbesi* var. *discoidea.*
5. — *cristata.*
6. — *fibrosa.*
7. *Alveolites repens.*
8. *Heliolites interstincta.*
9. *Halysites catenularia.*
10. *Thecia Swinderenana.*
11. *Aulopora repens.*
12. *Orthis elegantula.*
13. — *hybrida.*
14. — *biloba.*
15. *Strophomena depressa.*
16. — *euglypha.*
17. — *pecten.*
18. *Atrypa reticularis.*
19. — *marginalis.*
20. *Athyris tumida.*
21. *Rhynchonella Wilsoni.*
22. *Pentamerus galeatus.*
23. *Orthoceras annulatum.*
24. *Calymene Blumenbachii.*
25. *Ceraurus bimucronatus.*
26. *Sphaerexochus mirus.*
27. *Dalmania caudata*
28. *Bumastus Barriensis.*

[1]) Bisher nur auf der Insel Gotland, nicht in England nachgewiesen. Vergl. S. 8.

Von den 58 Arten unserer Fauna sind demnach 28, also nahezu die Hälfte mit Arten der gleichstehenden Schichten im nördlichen Europa identisch. Die Uebereinstimmung ist also der Artenzahl nach bedeutend grösser, als mit derjenigen der Fauna der Niagara-Gruppe im westlichen Theile des Staates New-York. Das erscheint sehr auffallend, wenn man die ungleich grössere räumliche Entfernung, durch welche England und Skandinavien von dem westlichen Tennessee getrennt ist, in Betracht zieht. Jedoch ist bei der Vergleichung der Faunen ausser dem Zahlen-Verhältniss der gemeinsamen Arten allerdings noch ein anderer Umstand zu berücksichtigen. Die Gemeinsamkeit der Arten zeigt sich besonders bei den Korallen, den Brachiopoden und den Trilobiten, während von den Crinoiden und den Gasteropoden unserer Fauna nicht eine einzige Art in den entsprechenden europäischen Schichten vorkommt. Dagegen sind, wie vorher gezeigt wurde, mehrere von den in Tennessee vorkommenden Crinoiden und Gasteropoden auch in der Niagara-Gruppe des Staates New-York nachgewiesen worden. Im Allgemeinen haben nun aber gerade die Arten der Crinoiden und der Gasteropoden eine beschränktere Verbreitung, als die Arten der Korallen *(Anthozoen)* und Brachiopoden. Bei der Beurtheilung der wirklichen Verwandtschaft zweier Faunen muss also die Gemeinsamkeit solcher gewöhnlich mehr lokal beschränkter Thierformen schwerer in das Gewicht fallen, als die Gemeinsamkeit von Thierformen aus solchen Abtheilungen, deren Arten gewöhnlich eine weite Verbreitung zusteht. Es muss beispielsweise das Vorkommen von *Caryocrinus ornatus* und *Saccocrinus speciosus* in Tennessee und im westlichen New-York gewichtiger für die Verwandtschaft der betreffenden beiden Faunen sprechen, als die Gemeinsamkeit von *Aulopora repens* und *Pentamerus galeatus* für die Verwandtschaft der Faunen von Tennessee und derjenigen des englischen Wenlock-Kalkes. Die Abwesenheit solcher allgemein verbreiteter Formen wie der zuletzt genannten beiden Arten in den Schichten von New-York erscheint mehr zufällig, während die Gemeinschaft der beiden Crinoiden eine entschiedene positive Verwandtschaft der beiden betreffenden Faunen und die Zugehörigkeit zu derselben geologischen Provinz während der Silur-Zeit begründet.

Wenn sich nun nach dem Vorhergehenden im Ganzen eine überraschende Aehnlichkeit unserer Fauna mit derjenigen von gewissen Silurischen Schichten des nördlichen Europas herausstellt, so ist dagegen die Verwandtschaft mit derjenigen, welche die entsprechenden Silurischen Schichten des mittleren Europas, und namentlich die in Betreff ihrer organischen Einschlüsse am besten gekannten von Böhmen einschliessen, eine verhältnissmässig geringe. Die Verwandtschaft zwischen unserer Fauna von Tennessee und derjenigen der entsprechenden Schichten von Prag ist zum mindesten eben so gering, als diejenige zwischen der Fauna von Dudley oder Gotland und derjenigen von Prag. Wir besitzen eine lehrreiche und interessante

Arbeit von **Barrande**[1]) über das Verhalten der Silurischen Schichten Böhmens zu denjenigen von Skandinavien. Dieselbe stützt sich für Böhmen auf die eigenen umfassenden Untersuchungen des Verfassers, deren Publikation mit der grossen und bewundernswerthen Schrift über die Trilobiten begonnen hat, für Skandinavien vorzugsweise auf **Angelin's** wichtige Arbeiten. Das Ergebniss der Vergleichung ist der Satz, dass den Silurischen Gesteinen Böhmens und Scandinaviens zwar im Grossen und Ganzen die gleiche Entwicklung des thierischen Lebens gemeinsam ist, und dass namentlich in beiden drei Haupt-Faunen von analoger Zusammensetzung und in gleicher Aufeinanderfolge sich finden, dass dagegen im Einzelnen die Entwickelung eine durchaus verschiedene und namentlich die Gemeinsamkeit der Arten eine äusserst beschränkte ist. In letzterer Beziehung ist namentlich die Thatsache schlagend, dass von den 350 Trilobiten-Arten Scandinaviens und den 275 Arten Böhmens nach **Barrande** kaum 6 Arten (d. i. kaum $\frac{1}{100}$ der Gesammtzahl!) identisch sind. Das Verhalten der dem englischen Wenlock-Kalke gleichstehenden Schichten der Insel Gotland (**Angelin's** *„Regio VIII, Cryptonymorum"*) mit den entsprechenden Schichten des böhmischen Silur-Beckens ist nun noch näher zu prüfen. **Angelin** macht die Schichtenreihe der Insel Gotland zum Typus seiner *Regio VIII Cryptonymorum (Encrinurorum)* und **Barrande** betrachtet dieselbe als gleichstehend mit seinem Stockwerk (étage) E. Diese Gleichstellung erfolgt theils auf Grund des Lagerungsverhältnisses, theils auf Grund der Uebereinstimmung der organischen Einschlüsse. Rücksichtlich der letzteren gewähren namentlich folgende von **Barrande** angeführte Thatsachen ein Anhalten. Aus den betreffenden Schichten Böhmens sind 17, aus denjenigen Scandinaviens 21 Geschlechter von Trilobiten bekannt. Beiden gemeinsam sind von diesen 15 Geschlechter. Dieser sehr bedeutenden generischen Uebereinstimmung entspricht freilich die Identität der Species keineswegs. Von den 167 Trilobiten dieser Schichten in Böhmen und den 99 in Schweden ist einzig und allein *Calymene Blumenbachii* beiden gemeinsam. Von den zahlreichen Cephalopoden, Gasteropoden und Acephalen der betreffenden Schichten beider Länder ist kaum irgend eine gemeinsame Art erkannt worden und in Betreff der Crinoiden ist die völlige specifische Verschiedenheit aller Arten so gut wie sicher. Nur die Brachiopoden und Korallen *(Anthozoen)* zeigen ein grösseres Verhältniss gemeinschaftlicher Arten. **Barrande** zählt nicht weniger als 18 Arten von Brachiopoden auf, welche die betreffenden Schichten bei Prag mit denjenigen von Gotland gemein haben sollen, und die Zahl der gemeinsamen Anthozoen-Arten wird kaum geringer sein.

Im Grossen und Ganzen bleibt trotzdem die Aehnlichkeit der Fauna von Gotland und derjenigen von **Barrande's** Stockwerk E. in Böhmen eine geringe. Nicht nur ist die Uebereinstimmung weniger gross, als mit der Fauna der räumlich doch schon weiter abstehenden Schichten des Wenlock-Kalkes in England, sondern selbst die Fauna der durch die ganze Ausdehnung des Atlantischen Oceans getrennten Schichten von New-York, ja sogar der noch weiter entlegenen

---

[1]) Parallèle entre les dépôts Siluriens de Bohême et de Scandinavie par Joachim Barrande. (Aus den Abhandlungen der Königl. Böhm. Ges. der Wiss. V Folge, 9 Bd.) Prag 1856.

Ablagerungen des Staates Tennessee ist entschieden näher mit derjenigen von Gotland verwandt, als diese letztere ihrer Seits mit derjenigen der betreffenden Schichten von Böhmen verbunden ist. Wenn bei den Faunen von Gotland, Wenlock, Lockport und Decatur County trotz einer mehr oder minder bedeutenden Anzahl eigenthümlicher Arten doch der Gesammt-Eindruck ein durchaus übereinstimmender ist, so ist dagegen die Fauna der betreffenden Schichten von Böhmen durch eine ganz fremdartige Facies von jenen geschieden. Dieser auffallende Contrast zwischen einer nordischen und einer böhmischen Facies tritt aber nicht bloss in den Faunen dieser bestimmten Abtheilung der Silurischen Gruppe hervor, sondern gilt von der Thierwelt der ganzen Silurischen Schichtenreihe. Der graue und rothe, durch die Häufigkeit von Orthoceren mit grossem randlichen Sipho vorzugsweise paläontologisch bezeichnete Kalkstein der Insel Oeland, welcher in Schweden das Hauptglied und das eigentliche Centrum der unteren Abtheilung der Silurischen Gruppe ausmacht, steht z. B. in Betreff seiner organischen Einschlüsse dem schwarzen Kalke im Staate New-York, welchen die New-Yorker Staats-Geologen als Kalk von Trenton *(Trenton limestone)* bezeichnet haben, ungleich näher, als irgend einer Ablagerung des Silurischen Beckens von Böhmen.

Anderer Seits ist der Contrast, der in den Thierschöpfungen der Silurischen Schichten von Böhmen verglichen mit denjenigen der Silurischen Schichten Scandinavien's so entschieden hervortritt, nicht auf die böhmischen Schichten beschränkt, sondern sie theilen denselben mit anderen Ablagerungen in sehr verschiedenen Gegenden des centralen und südlichen Europas. Zunächst schliesst sich Alles, was von Silurischen Gesteinen ausserhalb Böhmens sonst noch in Deutschland bekannt geworden ist, an den böhmischen Typus und nicht an den Skandinavischen an. Die durch Geinitz und durch Richter beschriebenen Graptoliten-führenden und vorherrschend schiefrigen Gesteine der sächsischen Länder und die Brachiopoden-reichen dunkelen Kalkschichten des östlichen Harzes, welche zuerst durch meinen Bruder A. Roemer als solche bestimmt wurden, in gleicher Weise wie die Thonschiefer mit Trilobiten der Primordial-Fauna in der Nähe von Hof im Fichtelgebirge und die schwarzen den Ablagerungen von Spatheisenstein untergeordneten Schiefer mit *Cardiola interrupta* bei Dienten unweit Werfen in den Salzburg'schen Alpen [1]). Demnächst gehören zu demselben böhmischen Typus gewisse Silurische Ablagerungen in Frankreich und namentlich solche im Departement de l'Herault, deren Trilobiten-Formen E. de Verneuil als mit böhmischen übereinstimmend erkannte [2]). Auch Alles, was besonders durch die Arbeiten von E. de Verneuil und von Casiano de Prado von Silurischen Ablagerungen aus der Pyrenäischen Halbinsel bisher bekannt geworden, schliesst sich dem böhmischen Typus und nicht dem Skandinavischen an. So namentlich diejenigen in der Sierra Morena, von Santa Cruz de Mudela bis Almaden, und diejenigen im nördlichen Spanien, in den Provinzen Asturien oder Leon, über deren Auffindung erst jüngst Barrande [3])

---

[1]) Vergl. v. Hauer i. Sitzungsber. der K. K. Academie zu Wien. 1850. S. 275.

[2]) Vergl. Bullet. de la soc. geol. de Fr. 2ème Ser. Vol. VI, 1850, p. 625—629.

[3]) Leonhard und Bronn's Jahrb. 1859, p. 721.

berichtet hat. Trilobiten sind es besonders, aus denen sich die Uebereinstimmung mit der böhmischen Facies erweisen lässt. Die zuletzt erwähnten Ablagerungen des nördlichen Spaniens enthalten Arten der Gattungen *Conocephalus, Paradoxides* und *Arionellus*, welche entweder geradezu mit böhmischen Arten identisch sind, oder doch solchen auf das engste sich anschliessen, und welche das Vorhandensein der ältesten Silurischen Fauna, der sogenannten „Primordial-Fauna" Barrande's in der eigenthümlichen böhmischen Ausbildungsform für jene Gegend feststellen. In Portugal hat Sharpe [1]) Silurische Gesteine bei Oporto und Ribeiro [2]) dergleichen bei Coimbra nachgewiesen. Auch von ihnen gilt die Uebereinstimmung der organischen Einschlüsse mit böhmischen Formen. Wenn auf diese Weise von dem centralen Böhmen aus in der Richtung gegen Südwesten Silurische Gesteine mit einem dem böhmischen ähnlichen Typus bis in die äusserste Südwestspitze von Europa sich verfolgen lassen, so liegen anderer Seits auch Thatsachen vor, welche beweisen, dass derselbe Typus sich auch in der entgegengesetzten Richtung gegen Nordost weithin fortsetzt. Wir sehen ab von den am nordöstlichen Abfalle der Sudeten bei Herzogswalde unweit Silberberg auftretenden Graptoliten-führenden Thon- und Kieselschiefern [3]), weil, obgleich schon das petrographische Verhalten mehr an böhmische und sächsische, als an nordische Silurische Gesteine erinnert, doch die bisher aufgefundenen Organismen der Art nach zu wenig zahlreich sind, um die Uebereinstimmung auch paläontologisch ganz sicher zu begründen. Dagegen ist die Thatsache von grossem Interesse, dass eine Reihe von Ober-Silurischen Brachiopoden, welche M. von Grünewaldt [4]) aus dem Ural und zwar aus der Gegend von Bogoslowsk beschrieben hat, zu einem grossen Theile nach sorgfältiger durch Barrande bestätigter Bestimmung mit böhmischen Arten identisch oder nahe analog sind, und dass in jedem Falle die dortige Fauna sich näher an den böhmischen, als an den skandinavischen Typus anschliesst. Zugleich erklärt M. von Grünewaldt [5]), dass das Wenige, was von Silurischen und namentlich Unter-Silurischen Versteinerungen aus dem nördlichen Ural und zwar besonders von den Zuflüssen der Petschora bisher bekannt geworden ist, sich entschieden den Faunen der Silurischen Ablagerungen in den baltischen Ländern verwandt zeigt. Auf diese Weise würde also die Grenze zwischen der böhmischen und der baltisch-skandinavischen Facies in der Kette des Ural irgendwo zwischen Bogoslowsk und dem schon zum Flussgebiete der Petschora gehörenden nördlichsten Abschnitte des Gebirges liegen müssen. Dabei ist es denn sehr bemerkenswerth, dass schon Bogoslowsk unter 60° N. B., also unter gleichem Breitengrade mit St. Petersburg und Christiania, wo der baltisch-skandinavische Typus entschieden sich ausprägt,

[1]) Quart. Journ. of the geol. Soc. Vol. V, 1849, p. 142, 209.

[2]) Ibidem Vol. IX, 1853, p. 135 ff.

[3]) Vergl. Ferd. Roemer in Leonhard und Bronn's Jahrb. 1859. p. 603.

[4]) Versteinerungen der Silurischen Kalksteine von Bogoslowsk in: Mémoires des Savants étrangers. Tom. VIII, p. 615 ff.

[5]) Notizen über die versteinerungsführenden Gebirgsformationen des Ural. (Aus den Mémoires des Savants étrangers Tom. VIII besonders abgedruckt.) St. Petersburg 1857. p. 7 ff.

gelegen ist. So erstreckt sich also der Verbreitungsbezirk der böhmischen Facies bei seiner Ausdehnung gegen Osten auch immer weiter gegen Norden.

Wir haben demnach in Europa zwei Zonen, oder langgezogene Verbreitungsbezirke Silurischer Ablagerungen mit kontrastirendem Typus der Special-Faunen und bis zu einem gewissen Grade auch der petrographischen Zusammensetzung. Die eine gehört dem nördlichen Europa an und erstreckt sich im nördlichsten Abschnitte des Ural-Gebirges beginnend durch die russischen Ostsee-Provinzen, durch Schweden, Norwegen, durch England und Irland. Die andere verbreitet sich über die Länder des mittleren und südlichen Europa's und die Linie ihrer Hauptlängenerstreckung fällt ungefähr mit einer in nordöstlicher Richtung durch den Continent von Europa gelegten centralen Achse zusammen. Bei Bogoslowsk im Ural ihre äussersten nordöstlichen Ausläufer zeigend, hat sie ihre typische Entwickelung im centralen Böhmen, in dem Silur-Becken der Gegend von Prag und reicht von hier durch die sächsischen Länder, durch Frankreich, durch Spanien und Portugal bis in das Südwestende Europa's [1]). Der Contrast in dem organischen Charakter der beiden Zonen ist ein so durchgreifender, dass er nicht bloss Folge des räumlichen Abstandes derselben sein kann, sondern es muss eine trennende Erhebung oder sonstige Schranke die Meerestheile geschieden haben, in denen die beiden Reihen von Absätzen erfolgten. Am wenigsten können blos klimatische, durch die Verschiedenheit der geographischen Breite der beiderseitigen Ablagerungen bedingte Einflüsse der Grund jenes Contrastes in dem organischen Charakter sein, da ja bekanntlich durch zahlreiche Thatsachen für den Zeitraum, in welchem der Niederschlag der paläozoischen Schichten erfolgte, eine viel grössere Gleichmässigkeit der klimatischen Verhältnisse auf der Erdoberfläche als gegenwärtig, und namentlich eine grössere Unabhängigkeit derselben in Bezug auf den Abstand von den Polen, unzweifelhaft erwiesen wird. Das Verhalten der beiden Silurischen Zonen zu einander ist ein ähnliches, wie dasjenige, in welchem die Kreidebildungen und die älteren Tertiär-Bildungen des nördlichen Europas zu denjenigen in den Alpen und an den Küsten des Mittelmeeres stehen. Wenn der petrographische Gegensatz, in welchem die Hippuriten-Kalke und die Nummuliten-Gesteine der Alpen zu den dem Alter nach entsprechenden Gesteinen in den nördlicheren Theilen von Europa stehen, ein grösserer zu sein scheint, so ist dagegen die paläontologische Verschiedenheit bei den beiden Silurischen Zonen eine noch durchgreifendere, als dort. Die Zahl iden-

[1]) Die Erkenntniss von dem Vorhandensein dieser beiden kontrastirenden Silurischen Zonen ist erst durch die in dem letzten Jahrzehnt ausgeführten Forschungen über die organischen Einschlüsse der Silurischen Ablagerungen in den verschiedenen Ländern, namentlich auch durch die wichtigen Arbeiten von Barrande und von Angelin möglich geworden. Mit der Veröffentlichung dieser Arbeiten hat sie sich gewissermassen von selbst ergeben. Ich selbst habe schon bei Gelegenheit einer vorläufigen Mittheilung über die Spongien der in der gegenwärtigen Schrift behandelten Fauna von Tennessee (S. Amtlicher Bericht über die 34ste Vers. Deutsch. Naturf. in Carlsruhe 1860 S. 13.) den Contrast dieser beiden Zonen hervorgehoben. Barrande hat neuerlichst bei Gelegenheit der schon erwähnten Mittheilung über die Auffindung von Trilobiten der böhmischen Primordial-Fauna (Vergl. Leonh. u. Bronn's Jahrb. 1859, S. 722.) auf die Existenz der beiden Zonen hingewiesen.

tischer Species in den beiden Silurischen Zonen ist jedenfalls geringer, als in den beiden Zonen von Kreide- und Tertiär-Ablagerungen. Jene Verschiedenheit ist auch grösser, als sie gegenwärtig in der Thierwelt von zwei getrennten europäischen Meeren z. B. der Nordsee und dem Mittelmeere besteht. Die Zahl der in der Nordsee und im Mittelmeere identischen recenten Mollusken- und Crustaceen-Species ist bedeutend grösser, als die der Silurischen Schichten von Böhmen und Schweden gemeinsamen fossilen Arten der beiden Thier-Klassen. Und doch sind beide Meere durch eine grosse zwischenliegende Continental-Masse von einander getrennt und die durch die verschiedene geographische Breite bedingten klimatischen Unterschiede, welche zur Zeit des Niederschlages der Silurischen Schichten noch nicht vorhanden waren, haben nothwendig ihren Einfluss auf die Differenzirung der Faunen beider Meere üben müssen. Alles dies führt zu der Ueberzeugung, dass es sehr entschieden wirkende, wenn auch für jetzt noch nicht näher zu bezeichnende physische Bedingungen gewesen sein müssen, welche jenen Contrast einer nord-europäischen und einer central-europäischen Zone Silurischer Ablagerungen hervorgerufen haben.

Natürlich ist es von Interesse, zu erfahren, ob ein ähnlicher Gegensatz sich auch bei den Silurischen Ablagerungen in anderen Ländern ausserhalb Europa und namentlich in Amerika nachweisen lasse. Hier zeigt sich nun, dass die Silurischen Ablagerungen des Staates New-York sowohl in der unteren, als in der oberen Abtheilung rücksichtlich ihres paläontologischen Verhaltens, ja sogar in Betreff der petrographischen Zusammensetzung [1]) sich an den nord-europäischen und nicht an den böhmischen Typus anschliessen. Und doch entspricht die geographische Breite des Staates New-York (42° N. B.) keineswegs der geographischen Breite der nord-europäischen Zone, sondern fällt vielmehr mit derjenigen von Neapel zusammen, welches schon weit südlich von der Hauptachse der böhmischen oder central-europäischen Silurischen Zone gelegen ist. Das Gebiet unserer Silurischen Fauna von Tennessee (unter 36° N. B.), welche nach dem Früheren den entsprechenden Schichten des Staates New-York und damit dem nord-europäischen Typus entschieden sich anschliesst, fällt sogar in die Breite des nördlichen Afrika's. In jedem Falle reicht also in Nord-America die Verbreitung der Silurischen Zone mit dem organischen Typus der Silurischen Ablagerungen des nördlichen Europas viel weiter gegen Süden, als dies in Europa der Fall ist. Das erinnert lebhaft an das Verhalten der nord-amerikanischen Kreidebildungen, wie es von mir bei Gelegenheit der Beschreibungen der texanischen Kreideablagerungen nachgewiesen wurde [2]). Während im Staate New-Jersey Kreidemergel mit

[1]) Während z. B. die ganze untere Abtheilung der Silurischen Schichtenreihe in Böhmen (d. i. die Gesteine von Barrande's „Faune primordiale" und seiner „Faune seconde") mit Ausschluss aller kalkigen Schichten aus Ablagerungen von thoniger und sandiger Natur besteht, so ist die gleiche Abtheilung im nördlichen Europa grade vorzugsweise aus kalkigen Gesteinen zusammengesetzt, und das gleiche gilt vom Staate New-York, wo der dem „Orthoceren-Kalke" Schwedens und Russlands äquivalente „Trenton limestone" das am meisten typische Glied der ganzen Reihenfolge eine mächtige Kalkbildung darstellt.

[2]) Vergl.: Die Kreidebildungen von Texas und ihre organischen Einschlüsse von Dr. Ferd. Roemer. Bonn 1852. S. 22—26.

dem paläontologischen und petrographischen Charakter der nord-europäischen Kreidebildungen vorkommen, so haben die Kreidegesteine von Texas und namentlich diejenigen des texanischen Hochlandes eine entschiedene Verwandtschaft mit den Kreidebildungen des südlichen Europa's und der Alpen, die in paläontologischer Beziehung, namentlich in der Häufigkeit der Rudisten- oder Hippuriten-artigen Thiere, in petrographischer Beziehung besonders in dem Vorherrschen sehr fester und zum Theil kieseliger Kalksteinbänke hervortritt. Der Breitengrad von New-Jersey entspricht aber eben so wenig der Breite, in welcher in Europa die ähnlichen Kreideablagerungen entwickelt sind, als die Breite von Texas den Gegenden Europa's, in welchen die Hippuriten-reichen Bildungen der Kreideformation vorzugsweise vorkommen, sondern die europäischen Gesteine des gleichen Habitus liegen gegen 10 Breitengrade weiter gegen Norden. Der Breitengrad von New-Jersey läuft in Europa durch Neapel und derjenige von Texas durch das afrikanische Wüstenland südlich vom Atlas und durch Aegypten. Auch die gegenwärtigen klimatischen Verhältnisse der Osthälfte Nordamerika's mit denjenigen von Europa verglichen zeigen bekanntlich einen ähnlichen Gegensatz, indem die Gegenden gleicher mittlerer Jahres-Temperatur in Europa viel weiter gegen Norden liegen, als in der Osthälfte Nord-Amerikas.

Es würde nun von besonderem Interesse sein zu ermitteln, ob sich auch die zweite Facies der Silurischen Gesteine, diejenige der böhmischen oder central-europäischen Zone in entsprechender Breite in Amerika findet. Da im Staate New-York und in dem Gebiete unserer Fauna im westlichen Tennessee noch entschieden die nord-europäische oder baltische Facies entwickelt ist, so würde man jene zweite Facies nur südlich von einer die genannten beiden Gebiete verbindenden Linie und deren Fortsetzung gegen Südwesten zu suchen haben, also etwa in Mexico[1]) oder Mittel-Amerika. Die immer umfangreicher und wirksamer verfolgten Bestrebungen der Nord-Amerikaner zur Aufklärung der geognostischen Verhältnisse des amerikanischen Continents werden uns auch hierin vielleicht bald die erwünschte Aufklärung bringen.

[1]) Die im Berglande von Texas etwa unter 31° N. B. von mir aufgefundenen Silurischen Ablagerungen (Vergl.: Die Kreidebildungen von Texas S. 7 und S. 90—94) haben bei flüchtiger Nachforschung bisher leider nur eine zu geringe Zahl von Fossilien ergeben, um darauf eine Entscheidung über die Zugehörigkeit jener Schichten zu der einen oder der anderen der beiden Facies zu gründen. Barrande hat jedoch, und wie ich glaube mit Recht, einige der darin aufgefundenen Trilobiten mit gewissen durch Owen aus Silurischen Schichten des Staates Wisconsin beschriebenen Formen verglichen.

ALPHABETISCHES VERZEICHNISS DER BESCHRIEBENEN ARTEN.

13*

Tafel I.

Spongien.

Fig. 1. Astylospongia praemorsa. S. 8.
Fig. 2. Astylospongia stellatim-sulcata. S. 11.
Fig. 3. Astylospongia inciso-lobata. S. 11.
Fig. 4. Palaeomanon cratera. S. 13.
Fig. 5. Astylospongia imbricato-articulata. S. 12.
Fig. 6. Astraeospongia meniscus. S. 14.

Taf. I.

Tafel II.

Korallen (Anthozoen).

Fig. 1. Aulopora repens. S. 28.
Fig. 2. Calamopora fibrosa. S. 20.
Fig. 3. Thecostegites hemisphaericus. S. 25.
Fig. 4. Theeia Swinderenana. S. 26.
Fig. 5. Heliolites interstincta. S. 23.
Fig. 6. Plasmopora follis. S. 24.
Fig. 7. Halysites catenularia. S. 25.
Fig. 8. Calamopora favosa. S. 18.
Fig. 9. Calamopora Gothlandica. S. 18.
Fig. 10. Calamopora Forbesi var. discoidea. S. 19.
Fig. 11. Calamopora Gothlandica var. mit kleinerem Durchmesser der Röhrenzellen. S. 19.
Fig. 12. Calamopora cristata. S. 20.
Fig. 13. Alveolites repens. S. 22.
Fig. 14. Cyathophyllum Shumardi. S. 27.
Fig. 15. Fenestella acuticosta. S. 30.

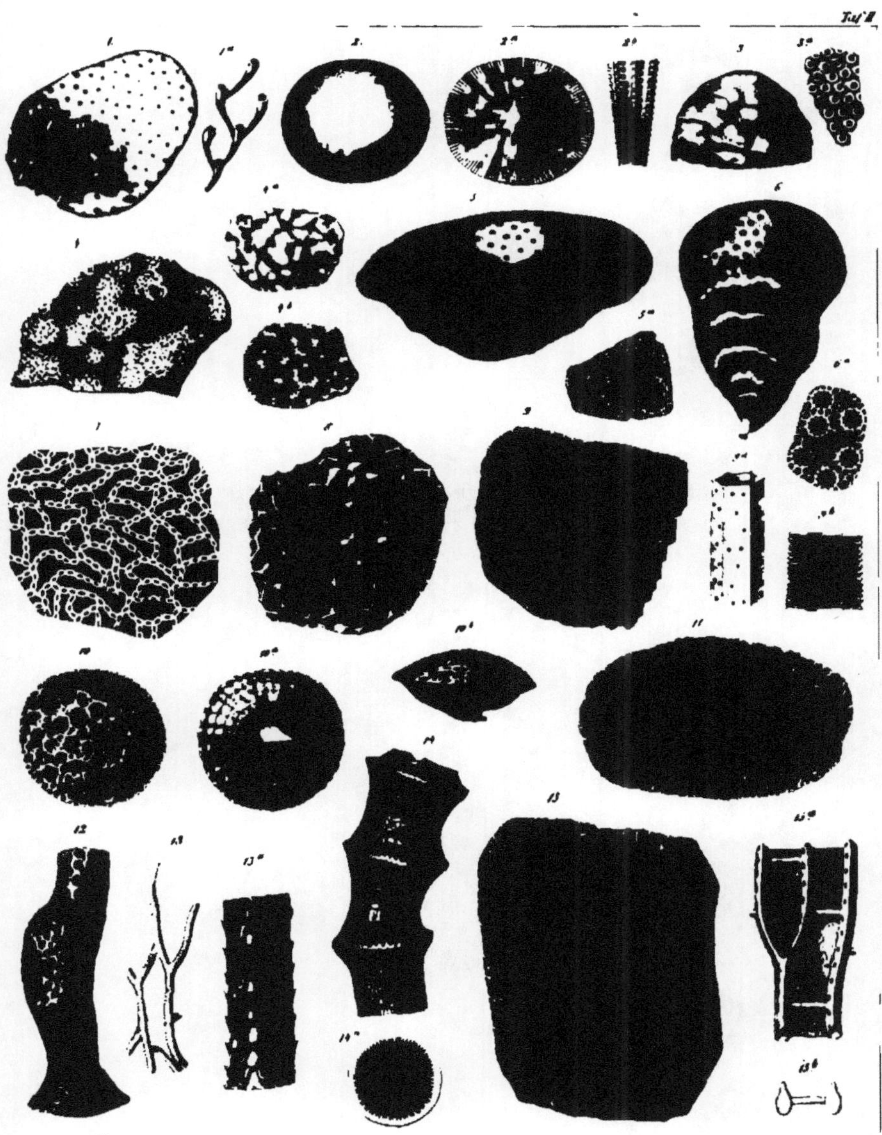

Tafel III.

Crinoiden.

Fig. 1. Caryocrinus ornatus. S. 33.
Fig. 2. Pentatrematites Reinwardtii. S. 60.
Fig. 3. Saccocrinus speciosus. S. 42.
Fig. 4. Platycrinus Tennesseensis. S. 35.

Taf. III

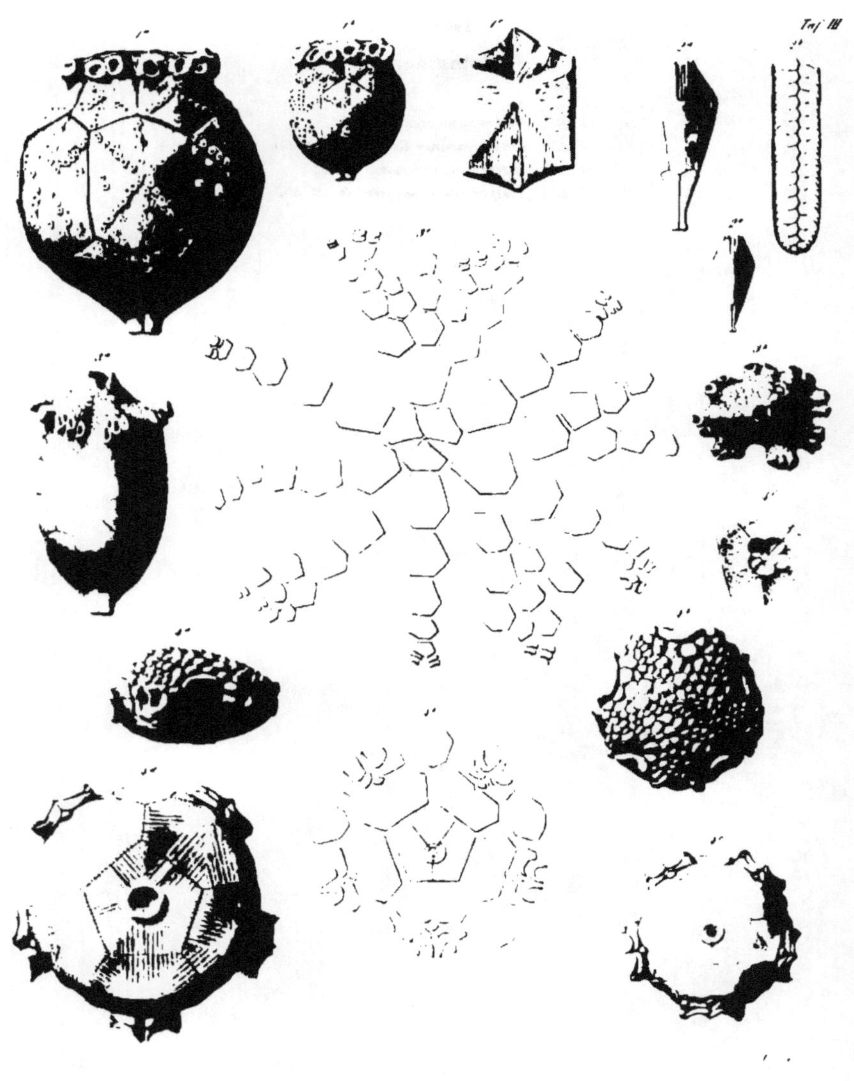

Tafel IV.

Fig. 1. Lampterocrinus Tennesseensis. S. 37.
Fig. 2. Cytocrinus laevis. S. 46.
Fig. 3. Eucalyptocrinus caelatus. S. 48.
Fig. 4. Eucalyptocrinus ramifer. S. 51.
Fig. 5. Coccocrinus bacca. S. 51.
Fig. 6. Synbathocrinus Tennesseensis. S. 55.
Fig. 7. Poteriocrinus pisiformis. S. 54.
Fig. 8. Cystocrinus Tennesseensis. S. 56.
Fig. 9. Säulenstücke von nicht näher bestimmbarer Gattung. S. 57.
Fig. 10. Desgleichen. S. 57.
Fig. 11. Desgleichen. S. 57.
Fig. 12. Desgleichen. S. 58.
Fig. 13. Desgleichen. S. 59.
Fig. 14. Desgleichen. S. 59.

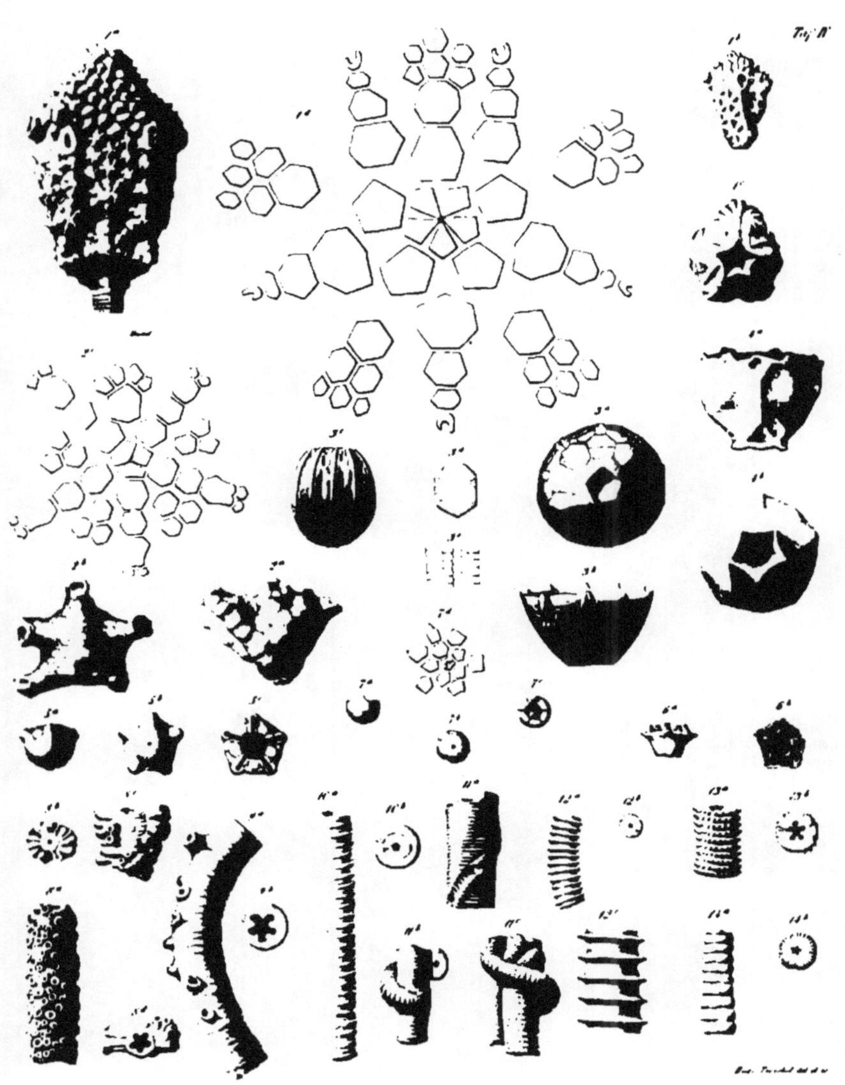

Tafel V.

Brachiopoden, Gasteropoden, Cephalopoden und Trilobiten.

Fig. 1. Calceola Tennesseensis. S. 73.
Fig. 2. Strophomena depressa. S. 65.
Fig. 3. Strophomena euglypha. S. 66.
Fig. 4. Strophomena pecten. S. 67.
Fig. 5. Orthis fissiplica. S. 64.
Fig. 6. Orthis hybrida. S. 63.
Fig. 7. Orthis elegantula. S. 62.
Fig. 8. Spirifer Niagarensis var. oligoptycha. S. 68.
Fig. 9. Atrypa reticularis. S. 69.
Fig. 10. Atrypa marginalis. S. 69.
Fig. 11. Pentamerus galeatus. S. 73.
Fig. 12. Athyris tumida. S. 70.
Fig. 13. Rhynchonella Wilsoni. S. 71.
Fig. 14. Rhynchonella Tennesseensis. S. 72.
Fig. 15. Platyostoma Niagarensis. S. 75.
Fig. 16. Acroculia Niagarensis. S. 76.
Fig. 17. Turbo Tennesseensis. S. 77.
Fig. 18. Orthoceras annulatum. S. 78.
Fig. 19. Ceraurus bimucronatus. S. 80.
Fig. 20. Sphaerexochus mirus. S. 81.
Fig. 21. Dalmania caudata. S. 82.
Fig. 22. Calymene Blumenbachii. S. 79.
Fig. 23. Bumastus Barriensis. S. 83.
Fig. 24. Illaenus sp. S. 84.

Taf. V.

www.ingramcontent.com/pod-product-compliance
Lightning Source LLC
Chambersburg PA
CBHW021939190326
41519CB00009B/1075

* 9 7 8 3 7 4 3 6 5 2 4 3 9 *